# 樹木と名字と日本人

暮らしの草木文化誌

有岡利幸

八坂書房

# まえがき

ＮＨＫの報道情報番組である『クローズアップ現代』を見ていたら、アジア大陸の東の端っこの平原が切り離され、原日本島が生まれた。やがて太平洋の火山島がつぎつぎ衝突し、山ができ、日本海が生まれ、列島は完全に島になった。そして中緯度にあるので、温度も高くなく、低くもなく、生き物の生活に適した気候であった。四季の気候が生まれ、生物の生育が盛んな春から夏にかけて、適度の降水量に恵まれた列島が誕生したのである。ＮＨＫはナレーションで、日本列島のことを奇跡の島だという。

細長い列島だが、亜熱帯から亜寒帯までの気候帯ができており、まことに数えきれないほどの植物が生育し繁茂している。こんな国は世界中を探しても、どこにも見当たらない。

そんな国土に移ってきた日本人は、植物をこよなく愛し、食料に生活資材に活用してきた。それぞれの植物の特徴をしっかり把握し、あますところなく利用しつくしてきた。

本書は一昨年に、八坂書房から上梓した『花と樹木と日本人』の続編で、日本人が現代に至るまで、それぞれの植物とどう関わってきたのかを、一〇編の小文で述べたものである。里山に秋に出掛けると道端で出会えるアケビとムベ、野原で見かけるアザミ、人里をまっ黄色な春色の花で彩るナノハナ、文化的生活には必需品の紙（和紙）の原料となるガンピとミツマタ、山の奥まったところに陣取る大木のトチノキ、海岸松原のマツという八種の植物を、個々に、どう扱ってきたのかを述べている。

冒頭のアケビは、秋に熟して口を開けた果実は子どものおやつにされ、果皮は炒めて食べられ、中の種子は集めて油が搾られた。若芽は佃煮にされ、つるはアケビ蔓細工に使われ、籠や玩具が作られた。

ムベはアケビの仲間であるが、アケビは熟すと果実が開裂するのにくらべ、まったく開裂しない。果実は不老長寿の霊果とされており、そのうえ複葉の葉っぱは、双子葉植物なので発芽時は二枚だが、幼時の複葉の葉は三枚となり、大きくなるにつれて五枚から七枚となる。生長につれ三、五、七枚になり、一本の木に七五三という目出度い数字の葉をつけるので縁起木とされ、庭木としてよく栽培されている。しかし、この木は雌雄同株なのだが自家不和合性（じかふわごうせい）（同株に雄花と雌花がついていても、同じ木の花粉では受精が行なわれない現象）があるので、一本だけ植えていたのでは果実は実ることがないという特異性がある。

アザミは、頭頂花はやさしく丸い淡紅色をして美しく、持って帰って生け花にしてみるが、「やはり野におけ」といわれる野生花なので、すぐに花首のところからぐったりとしてしまう。花の美しい草本だが、本来は食用野草として活用されており、平安時代には天皇をはじめ宮中の人たちが食べるため、専用の畑が設けられ栽培されている。根っこは山ごぼうといわれて賞味された。葉や茎も、炒め物などにすると、クセがなく美味しく食べられる。

菜の花とは春に咲くアブラナ科の数多くの植物の総称であり、菜との名前がつくように若いときに茎葉を副食とされてきた。また種子は多量の油を含んでいるので、食用として灯用として江戸時代から搾られてきたため、別に菜種とも呼ばれる。江戸期にはさかんに栽培されたので、あたり一面が菜の花だらけになり、蕪村が「菜の花や月は東に日は西に」と詠むような光景が展開していた。

ガンピは雑木林や松林の下層に生育する見栄えのしない樹木だが、その樹皮が紙に漉かれると、朽ちず虫に食われず、湿気や乾燥にも強く、千年も保存できる優れた紙となる。江戸時代の鎖国でも貿易が行なわれていたオランダに輸出され、画家レンブラントが、銅版画の用紙として用いていたことが判明している。

ミツマタは中国南部やヒマラヤ地方原産の低木で、室町時代後期に渡来してきたようであるが、詳しいことは不明である。江戸時代には伊豆・駿河・甲斐国で、ミツマタを用いた紙が漉かれたが、これらの地方に限定されていた。明治維新で新政府ができたとき、全国統一の方法の一つとして、それまで藩毎に通用していた通貨を政府が発行するもののみとすることが図られ、通貨として紙幣が考案された。その紙幣原料を確保するため、大蔵省紙幣寮がミツマタの栽培を奨励したので、西日本諸県で栽培が行なわれるようになった。とくに焼畑農業を展開していた四国の山岳地方では、商品作物として作付け体系に組み込まれ、さかんに栽培された。しかし現在では、過疎化、高齢化、後継者不在、販売価格が安価なことなどで、ほとんど栽培されなくなった。一万円札に用いられていたが、国産原料が一〇％まで落ち込んだので、現在では三椏皮は外国の輸入品に頼ることとなっている。

深山の谷間に山のヌシ然として悠然とわだかまっているトチノキから、大量に落下する果実は、縄文時代の昔から食料として重宝されてきた。トチノキの花は蜜源として養蜂家から喜ばれている。

福井県の敦賀港に隣接している気比の松原は、通常の海岸松原が黒松で構成されているのと異なって、ほとんどが赤松である。砂浜も花崗岩が風化した砂である。江戸時代この砂浜にマツタケが生えていた。海岸林にマツタケが生えていたところは、ここだけであろう。

日本人の名字は明治期に政府の強制でつけさせられた。そのとき松田、梅田、桜田、稲田、竹田、蓬田のように植物名を名字とした人びとがいた。名字にはどんな植物名が多いか、名簿などで調べると、草や竹よりも樹木の方が多かった。つまり日本人は、日ごろ見慣れている樹木が好きで、好きな樹木と一体となれるよう自分の名字にしていたのである。

わが国には、数ある樹木のなかで特定のものを目出度いもの、神が宿ることのできる神聖な木とする習俗があった。また大好きで生活に役立つ樹木で住居のまわりを囲んで屋敷林を作った。最後の小文で、日本人の生活習俗に取り入れられている樹木のことを探った。

樹木と名字と日本人

# 目次

## 第八章　気比の松原とマツタケ……199



## 第九章　樹木大好き日本人の名字……217



## 第十章　日本人の生活習俗と樹木……247

# 第一章

# アケビ

## 大口開ける秋の恵み

## アケビの語源

秋の里山を散歩していると、谷川沿いの雑木林にしばしばぶらりと垂れ下がっているアケビの実を見かける。淡い赤紫色の長楕円体の実が二から三個がつながっており、なにか懐かしい秋の風情が感じられる。

アケビの蔓(つる)は、互いにからみあって、一つの藪(やぶ)になっている。その情景を俳句では「絡みつつ通草(あけび)は山をはなさざる（柿村喜代美）」と詠まれる。その藪のなかから、すっかり熟しきった「絶叫の如くに裂けし通草かな（讃井才子）」をみつけだすと、「あけび蔓引く晴天に手繰り寄せ（内藤吐天）」とたまらなくなって、アケビ蔓を懸命にたぐりよせることとなる。その姿は「通草もぐ夫(つま)は山の子に戻りたる（黒田敏子）」と、無邪気な童心にかえってしまうのである。そして「山の景もぎとってきし通草かな（村田明子）」意気揚々とわが家へと急ぐのである。

アケビ科アケビ属の落葉つる性樹木で、わが国には二種あって、複葉の小葉が五枚のものをアケビといい、三枚のものをミツバアケビといって区別しているが、一般には両者を合わせてアケビといっている。ゴヨウアケビと呼ばれるものが本州中南部および四国の高知県に見られるが、この種はアケビとミツバアケビの雑種である。

アケビの別名にアケビカヅラ（『和名抄』『本草和名』）、アケビヅル（『和名抄』）がある。名前の由来を、江戸後期の類書（百科事典のような書物）『古今要覧稿　草木』が記しているので判りやすく意訳する。

アケビは朱実（あけみ）の義であると『国史草木昆虫攷（こう）』にいう。

『古今要覧稿』は、この実はあかく色づくものでなく、アケビはアケツビの省呼なりという。アケは開けで、ツビ（漢字は屎）は陰門の古称である。つまりアケビが熟して口を開けた状態が、女性の股間に存在するものと似ているからの命名である。

同書は、歌にヤマヒメと詠むのも同じ意であるといい、山女の字を用いる。そしてある人の言うところでは、加賀国（現石川県）にあけび村という所がある。一つには赤日村と書き、一つには山女村と書く。山女の字をあけびと読むことはどういう義であるか詳らかでない。しかし、ある人が越前国（現福井県）へ行く時、山中の茶店で休憩し菓子のようなものを頼むと、外に何もなく山おんなのみだと言われた。それでも出してくれというと、アケビの実を出してきた。これで山女の字を用いることが理解できた。アケビを山女（やまひめ）と詠んだ歌が、『大蔵卿行宗卿集（おおくらきょうゆきむねきょうしゅう）』に二首収録されている。

いかくりは心よはくぞ落ちにけるこの山ひめのゑめるかほみて

いかくりは君か心にならひてや此の山ひめのゑめればおつらむ

歌の意は、毬栗（いがぐり）は我慢する心が弱いため、アケビの実が口を開け微笑んでいるような姿を見て落ちてしまった、というのである。栗のイガが熟して口を開け、中の果実が見えるような状態のことを栗の笑みという。そして完全に熟すと、果実（栗の実）は自然に、ぼとりと落ちるのである。

『東雅』は、アケとは赤色、ビとは実である。実が小さく木瓜（ぼけ）のようで白く、熟したならばその内の赤いものをいうのである。

植物学者・前川文夫は『植物の名前の話』（八坂書房　一九八一）のなかで、アケビの名前についても触れている。アケビは、常緑の葉に留意してフユアケビとフユムベとかいわれるムベに対してやや早く熟するので、アキ（秋）ムベといい、島根県の隠岐の島ではアキンベの名がある。それから訛ってアクビもアケビも導き出されたとするのが柳田国男だという。昭和十八年（一九四三）に出版された彼の著『科学春秋』に見える。そこには「口を一杯あけたやうに割れるからアケビだらうと思ふのはまことにほほえましい民間の語源解釈……」と述べている。

畔田伴存（くろだともあり）は『古名録』に「阿介比、開玉門也」と書いている。つまり玉門は女性の性器であって、それをツビと呼んでいたから、アケビと形態からきたという。白井光太郎も『本草学論叢』（昭和九年・一九三四）にそれを採っている。

この二つの解釈について前川文夫は、柳田と畔田の見方は自然的な見方として当然あってよいのだが、この場合には賛成しないと、異議をとなえている。

前川の考え方は、アケビとムベは対になっており、ムベは実が閉じているがアケビは開く。この差は明瞭である。だからアケビは開け実でよろしいと考える。アの字は口を開いて大きく発声する。それに対して口を閉じての発音はンでありムである。したがって口を閉じた実はムミ、訛ってムベであり、ウンべであると考える、のだという。

前川は、アケビとムベの名前はそれぞれの果実を食用とする時期を示す重大な区別点が、そのまま用いられたものと見ている。

アケビの漢字表記は、『新撰字鏡　草』は通草（あけび）を神葛（かみかずら）、また於女葛（おひめかづら）としている。『本草和名』は通草を、附支、丁翁、富藤茎、烏覆、當藤、附通子と中国の書物の表記を記し、おわりに阿介比加都良（あけびかづら）のことをいうとしている。『和名類聚抄　十七　蓏（うり）』は畐子のことを、畐藤、烏覆（音は伏（ふく）、和名は阿介比）、附通子と記す。『和爾雅　七　草木』は通草（あけび）を、木通、万年藤ならび

江戸時代末期に描かれた通草（岩崎灌園『本草図譜』国立国会図書館）

に同実を燕覆と記している。

## アケビの地方名

『重修本草綱目啓蒙　十五　蔓草』は通草として、アケビ（『和名抄』）、アケビカヅラ（同上）、アケビヅル（同上）、タタバ（江州）、タトバ（越前）、ギウスイソウ（遠州）、タンポポ（同上）、アケベ（若州）、ゴサイボヅル（同上）、ハダツカツラ（熊野）、ハンダツカヅラ（同上）、アクビ（同上）、テンタテコウホウ（甲州）、ヲドリバナ（若州）、以下はハナの名、女郎花（若州）、チョチョビ（江州）、一名出様珊瑚、燕腹（実の名）である。

アケビは里山に、ミツバアケビは山地に普通に見るものなので、広く人びとに知られ方言も多い。佐藤亮一監修・小学館辞典編集部編『標準語引き　日本方言辞典』（二〇〇四）および八坂書房編・発行『日本植物方言集成』（二〇〇一）は多数の方言を収集しているので、県別に整理して掲げる。なお『重修本草綱目啓蒙』の地方名もともに掲げるが、判別するためこちらの方は頭に※印を付する。

鹿児島県　あおぼけ、あきゅ、あけご、あけびひらき、あけむすべ、うべ、うんべ、おきのこんぶ、ながうんべ、からすうんべ、からすむべ、からすうべ、ぐべ、とっぱっ、ながうんべ、ねこくそうんべ、ねこんくそ、ねこんくそうべ、ねこんくそうんべ、ねこんうんべ、ねこん

へ

宮崎県　こつぶ、とんぼ、あわあけぼ、あわかけぼ

長崎県　いぬのつべ

高知県　くちあけび、こぶと、こぶとあけび

愛媛県　ねこぐそ、ねこぐそ（あけびの実）

徳島県　がひん

香川県　あきうさ、ねこのくそ、ねこのくそ（あけびの実）

山口県　あきうど、あきんどかつら、いつつば、うべ、からすのあまたけ、からすのうり、けきび、

こっこー、ねこのたばけ、ひきび、ねこのたばけ（あけびの実）

岡山県　あけっか、ねこくそかずら、ねこくそかずら（あけびの実）

鳥取県　ねこのへんどー、ねこのへんどう（あけびの実）

兵庫県　ちょろむけ（あけびの実）

和歌山県　※はだつかづら、※はんだつかづら、※あくび

三重県　※はだつかづら、※はんだつかづら、※あくび

奈良県　たてたてごんぼ、はんだつ

アケビの雌花（左）と複数の雄花

熟して開口したアケビの果実

からみあい藪となったアケビ（青森県八甲田）

滋賀県　たたば、ちょちょび、※たとば、※ごさいづる
福井県　※あけべ、※をどりばな、※女郎花、※たたば、たとば、※ちょびちょび、ごさいぼずる
長野県　じじーばばー、じんじばんば、やなぎあくび
山梨県　※てんたてこうほう、てんたてこんぼー
静岡県　いぬのきんたま、※ぎゅうすいそう、※たんぽぽ
東京都　うべずら、かーつ、かーふじ（あけび蔓）
千葉県　あっくり（熟して口を開いたもの）、ねこのくそ、ねこのげーげー、ねこのこったばき（あけびの実）
茨城県　あっくり
新潟県　あかいぶ、あけご
宮城県　ねこのこったばき
山形県　いつつばあきび、あおぼけ

ここに記したのは、南から北へとのぼっていく順となっている。北は山形県から南は鹿児島県にまで二五都県に広がっている。乳白色の果肉に包まれた黒い種子が、鳥獣の排泄物や吐しゃ物にたとえられた名称が多い。なかでカラスとネコの○○というものの数が多い。

## アケビの花の遊び

上原敬二著『樹木大図説』（有明書房　一九六一）は、静岡県のアケビに関する面白い方言での遊びを記しているので紹介する。

駿東郡富士岡村（現御殿場市）では、アケビの花のメシベを取り両手の中に包み、上下に振り「ヨメヨメ起きろジンジバンバ寝てろ」と唱え、手を開いてみて、なかにシベが立っていれば嫁は早起き、寝ていれば嫁は朝寝坊だという。

榛原郡初倉村（現島田市）では、前の富士岡村と同じようにし、「デンデンコボシ、デンコボシ、ヨメッコ一人で茶をわかせ、デンデンコボシ、デンコボシ、オジイが起きたに何故ワリゃ起きん」と唱える。

駿東郡印野村（現御殿場市）ほかでは、メシベの先の粘液を片手につけ、他方の手で手首を打つとシベは一つ二つと順々に起き上がる。打つときの唱えは「ヂンヂバンバ寝てろ、嫁々起きろ」である。

アケビの花　雌花（左）と5つの雄花

19世紀に日本の植物をヨーロッパに紹介したシーボルトの彩色図譜より、アケビの図
（シーボルト&ツッカリーニ『日本植物誌』1巻、1835-41年、国立国会図書館）

同右より、ミツバアケビの図

同郡原里村（現御殿場市）では「ヂンヂバンバ起きろ、ヨメヨメ起きろ」と唱え、小笠郡土方村（現掛川市）では「オキャガリコボシ、オキャガリコボシお客は起きたに、何故ワリャ起きん」と唱え、周智郡三倉村（現森町）では「タテタテコンボシ」と唱える。

田方郡西浦村（現沼津市）では「ヨーメ嫁起きろ、シュートは寝てろ」と唱え、磐田市では「ヤイタチゴンボゥ、タチゴンボゥ、親も立ったになぜ子も立たぬ」と唱え、浜名郡北浜村（現浜松市）では「オカンカンカッポひょいと立てよ」と唱え、駿東郡富士岡村（現御殿場市）ではメシべを手に乗せ「お灸をすえる」と唱えて、人につけて遊ぶ。

アケビは本州、四国、九州、朝鮮半島南部、中国に自生している。岡山理科大学波田研究室ホームページによると、岡山県の沿岸部ではアケビは少なく、ミツバアケビが優勢である。古生層地域では沿岸部でもアケビの生育が見られることから、気温ではなく、降水量などの水分条件が分布に関与していると思われ、ミツバアケビよりも水分の多い場所に生育するものと思われるという。雌雄同株であるが、自家不和合性（じかふわごうせい）（同株に雄花と雌花がついていても、同じ木の花粉では受精が行なわれない現象）をもっているので二株以上がないと結実しない。茎は左巻で、根元から長い蔓を数多く伸長させる。四月に新芽とともに淡紫色の花を開く。雌花は大形で数は少なく、雄花は花序の上方につき小形で多数である。

ほのかなる通草（あけび）の花の散るやまに啼く山鳩のこゑ　斎藤茂吉

虻にあひて肝をつぶせる道ばたに藪かぶさりて通草の咲く　藤沢吉美

海鳴れり通草も黒き花を垂れ　相生垣瓜人

## アケビの実を食べる

果実は液果で、球形、長楕円体、淡紫灰色、上面に青い斑点がある。長さは八〇から一二〇ミリ、径は三〇から六〇ミリ、十月に成熟して縫合線に沿って縦に裂ける。内部は黒色の種子を包んだ半透明で乳白色の果肉が現れる。果肉は甘味があり、食用となる。また果皮は苦くてそのままでは食べられないが、油で揚げると食用となる。

成熟して裂けたアケビの実

通草実ふたつに割れてその中の
乳色なすをわれは惜しめり　斎藤茂吉

通草の芽岩蕗（いわぶき）などのひでしもの
田沢の村の夜に食ひたる　佐藤佐太郎

『古今要覧稿　草木』は、信濃国（現長野県）や出羽国（現山形県・秋田県）ではアケビカヅラの実より油を搾り、この油でものを揚げて食べ、灯油に用いることはもちろんのことである。清潔で上品であるが、多く食べると腹下しするという。この茎は通薬であり、その実は多く食べても腹下しすることはない。秋田藩主の佐竹壱岐守（さたけいきのかみ）の医師の冠木精庵は、この油は大便を止めることに用いても佳であるとする。

平安時代にはアケビはムベとともに貢納品とされていたことが、『延喜式』に見える。諸国貢進菓子として、山城国（現京都府南部）、大和国（現奈良県）、河内国（現大阪府東部）、摂津国（現兵庫県東部・大阪府北部）、近江国（現滋賀県）から朝廷に納められた。『延喜式』に蔔子とあるのがアケビで、ムベは郁子と記す。

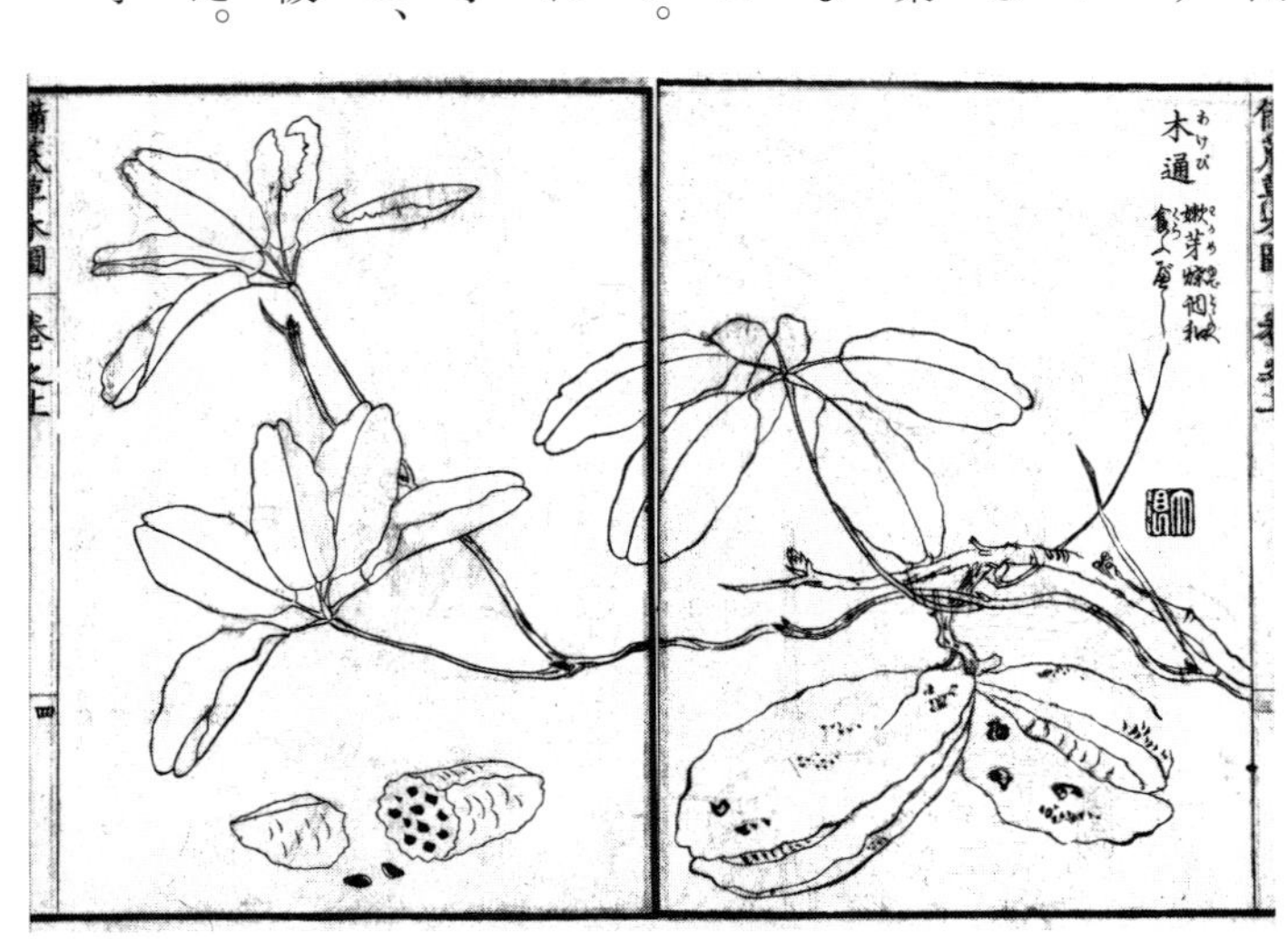


江戸時代末期に救荒植物として描かれたアケビ
（建部由正『備荒草木図』天保4年）

アケビの利用は、果実は昔から山仕事の人たちや、山遊びする子どもたちのおやつとして食べられた。果皮はほろ苦い味があり、山菜料理の材料として親しまれている。口を開けた果皮の内にひき肉を詰め、油で揚げたり、刻んでみそ炒めにして食べる。

田舎育ちの人にとっては懐かしい味であるが、リンゴやイチジク、ナシ、ミカンなど他に美味しい果物が種類も量もたくさん出回り出したので、果実としては二の次の評価となっていた。ところが近年出荷量が少ないため物珍らしさから希少価値が生まれ、注目を集めるようになった。栽培農家も山形県を中心に増え、スーパーでは秋を象徴する季節商品として店頭に並べられている。

アケビの新芽や若葉は茹でておひたしやゴマ和え、漬物として食べる。通常木の芽とはサンショウの若葉やタラの芽をさすのだが、山形県や新潟県、中越地方ではアケビの新芽を「木の芽」と呼んでいる。アケビの芽の採取時期は四月上旬で、蔓の先端の柔らかい部分は一五センチくらいなので、たくさん集めるには手間がかかる。

食べ方は茹でて水にさらし、三センチくらいの長さに切りそろえ、醤油をかけて食べるのが一般的である。醤油と一緒に卵の黄身をかける人もあるという。苦味があるので、好きな人はその苦味が美味しいのだという。苦味が嫌いな人は、水にさらす時間を長くしたりしているようだ。マヨネーズで和えてもよい。

京都の鞍馬山の名物と知られる木芽漬けはアケビの葉とスイカズラ（忍冬）の葉を塩漬けしたものである。この漬物はしょっぱいばかりで美味くないという人があるが、多種多様な化学調味料で味を調えられた食べ物を日頃口にしている現代人にとって、口に合わないのであろう。

また兵庫県の播州地方や滋賀県では茶蔓（ちゃづる）といって、この葉を製して茶の代用としてきた。筆者の若い時分、植林などの山仕事の現場の休憩所では、自家製の茶葉を用いていたが、それが途切れると山でアケビ蔓の先端部や、秋グミの枝を採ってきて焚火の火で少し焦がして、やかんに入れ煮出してお茶代わりにしていた。

秋田県ではアケビの種子から油を搾っており、江戸時代から明治時代にかけて高級品として珍重されていた。明治以降、アケビ油生産は途絶えていたが、近年また油搾りが復活した。

## アケビ蔓の加工

蔓は非常に丈夫で、昔からザルやカゴ、イスなど工芸品の素材として利用されてきた。アケビ蔓は少し固いので材料としてはあまり使われなくて、多くはしなやかなミツバアケビの蔓が利用される。現在でもイスやバケットに編まれている。

アケビ蔓の採取は大変手間のかかる仕事である。アケビ蔓細工用の蔓は、樹木などにからみついたものではなく、地面を真っすぐに這って長く伸びたいわゆる匍匐枝（ほふくし）が適している。近年は各地の山が植林されて、蔓植物は造林木の生育の邪魔者とされ、見つけ次第切り取られており、アケビの生育地が少なくなっている。地面を這った匍匐枝の蔓を探して下ばかり見て歩いていると、蜂にさされたり、熊と遭遇したりする。

アケビ蔓の採取は、地域によっては九月頃から、遅くても十一月の霜が降り始める頃までである。アケビ蔓は採取すると、水中に数日浸してから日干しして乾燥させて貯える。アケビ蔓は一冬以上貯え乾燥させる。なかには三年以上乾燥させるところもある。よく乾燥させていないと、カビが生えるのである。長野県野沢温泉村の有名な「鳩車（はとぐるま）」は、アケビの蔓を編んで作られる。鳩車は野沢温泉村の伝統工芸品で、郷土玩具である。アケビ蔓の胴が鳩の姿をしており、その両側に車輪がとりつけてあり、野趣味のある玩具となっている。スキーなどで野沢温泉を訪れる人のほとんどが購入したといわれ、往時は全国郷土玩具番付の東の横綱となったこともある。

野沢温泉の鳩車

山形県置賜地域の
アケビ蔓細工のカゴ

東北地方のアケビ蔓細工について久野恵一はインターネットの連載記事「kuno×kunoの手仕事良品 vol 88」（二〇一三年五月二十九日）で語っているので、一部引用させていただく。久野が今の仕事に入った四〇年前（昭和四十八年）ごろは、アケビ蔓の産地は青森が知られていた。

アケビの蔓には三つ葉と五つ葉があり、青森のアケビは五つ葉が多いという。この種は弾力性にやや欠けるため、弾力を利用して編むのではなく、型枠に入れて編む。すると、蔓といっても枝のような物だから、どうしても隙間ができてきっちりと編めない。そのため、蔓を半分に切り、片側を平面にして巻きやすくしていた。半分に割れば、材料も倍とることができる。そうしてアケビ蔓のカゴ作りが青森ではさかんになった。アケビ蔓のカゴ類を扱う業者も何軒もでてくるようになり、様々なカゴが考案され、それが広がっていった。

ただ青森のカゴは、アケビの皮と身の部分の白さが目立つ。またなんとなく、恰好をつけた作りで、デザイン化された物とか、時代に合わせた物を作ろうという意図が露わだった。久野は素朴さとか、地域性がにじみ出ているものに惹かれていた。

当時、日本中の民芸店がアケビ蔓細工を欲しがっていた。アケビ蔓の赤みがかった活き活きとした感じには、なんともいえない魅力がある。

久野は自動車の免許をとって各地を回りはじめると、さまざまな所でアケビ蔓細工を探した。その頃のアケビ蔓の生産地は、長野県野沢温泉、福島県会津地方、宮城県仙台・白石・鳴子温泉、岩手県沢内村、秋田県横手周辺、山形県庄内地方や月山・羽黒山、新庄あたりと聞いていた。しかし平成の現在もその生産地にほとんど変化はない。

## アケビ果実の栽培

アケビの果実はごく最近までは、山野に野生するアケビから採取していたもので、採取者かその近辺の人たちで消費されていた。しかし、この頃は、東北地方を中心に畑にアケビ畑をつくり、栽培し、市場にも出回るようになってきた。

アケビ果実の全国生産量は平成二十五年（二〇一三）は約六一トンで、第一位は山形県の約五二・五トン（八七％）で、二位は愛媛県の五・五トン、三位は秋田県の二・五トンである。

山形県内で果実の収穫を目的としたアケビ栽培が盛んになったきっかけは、天童市の団体が山から採取してきた良質のアケビ果実を、関東方面に出荷したところ高い評価を受けたことである。それ以降、

山形県朝日町のアケビ栽培

村山地方の朝日町や置賜地方の白鷹町、天童市などが主産地となった。現在は、磐梯朝日国立公園・大朝日岳のふもとの朝日町が、山形県内一の産地となっている。

朝日町では昭和五十三年（一九七八）からアケビ果実栽培が、林業研究グループが主体となって行なわれてきた。果樹経営の補完作業として導入している人が多く、栽培規模の大きな人でも二五アール、ほとんどは七から八アールである。地域内の栽培面積は、およそ三ヘクタールとなっている。ここでは生果の出荷を主体としており、高級アケビ果実を出荷する農協として県外市場での評価は高い。少し資料は古いが、昭和六十二年には一六トンを出荷していた。販売先は、大阪、名古屋、東京、千葉などの県外が八〇％で、そのうち半分以上は関西市場である。

アケビは庭園や公園の四阿の屋根、庭門、アーチの屋根に用いられる。家庭の庭でアケビ棚を作っているところがあるが、藤棚ほど暑苦しくなく、涼しげでいいものだといわれる。

柴の戸のあけびの筋の絶えぬればいとど見るめのかくもあるかな　源　経信

棚の通草鋏ぱちりと秋晴れに　乃川　貞

秋の果実を観賞しようとすれば、アケビは自家不和合性なので、二本以上を一緒に植える必要がある。

苗は実生でも、根元から出る蔓茎を株分けすれば容易に得られる。実生からだと開花するまで、一二年以上かかる。

また水田の畦畔などに生えている野生の茎の太いものを掘ってきて、培養するのが得策である。これであれば、庭木にしても、盆栽に仕立てても、開花結実が早い。

アケビの実はバナナを少し太くしたような、ややいびつな枕の形をしており、一本の柄に二から三個ずつかたまってぶら下がっている。この形が飄逸で雅趣があるから、生け花にもよく使われる。たけの長い長瓶とか、高い台の上に置いた壺や掛花器などに蔓をたらして生ける手法がよく用いられる。また正式な生け花にも使われるが、その場合は多くトキワアケビと呼ばれるムベ（郁子）が用いられる。

## アケビの昔話

アケビの昔話は意外と数が少ないが、最初に猟師が猟に出かけ、たくさんの獲物が捕れたので、その場にあったアケビ蔓で獲物を縛って運ぶ話を『日本昔話通観　第四巻　宮城』（一九八二）に納められた宮城県元吉郡津山町横山の話を紹介する。しなやかなアケビ蔓は、昔から山で生活する人びとが物を縛る材料として使っていたことが、この話からわかる。

横山に、百のうち一つしか本当のことを言わないので、「百一」と呼ばれている猟師がいた。ある日近くの締切沼（しめきりぬま）に猟に出て、一発で鴨を八羽仕留め、沼に入って鴨を集めて土手に上がるとたちづけ（もんぺ）に雑魚（ざこ）がいっぱい入っている。喜んでいると背中の鴨が生き返り、飛び立ち、向かいの田高畑山（たごばたやま）まで運ばれる。降りると鴨を射抜いた弾が猪に当たっており、猪がもがいて山芋を掘り起こしていた。アケビの蔓で獲物の猪を縛ろうと蔓に手をかけたら、茂みの中から雉（きじ）が飛び出したので、その卵を取って帰った。

同県柴田郡川崎町前川裏丁の話では、爺が餅をもって山の畑へ行き、餅を食っているとにわかに雨が降り始めたので、あわてて餅を入れた苞（つと）をかぶると、中の粉が落ち頭から白くなる。それを見た猿が「地蔵さんがいる。雨に濡らしてはもったいない。向山のお堂に移しもうせ」と言い、手車を組み、爺を乗せる。猿は川にさしかかると、「猿ふんぐり濡らしても、地蔵ふんぐり濡らすな」と歌いながら川を渡るが、爺はおかしいのをこらえ、地蔵さんになりすます。猿が栗やアケビを供えて爺を拝むので、爺は供え物をもらって家に帰った。

同県古川市新田夜烏の話では、寺の小僧が山へアケビを採りに行くと、見知らぬ女に「ごちそうしてやる」と誘われる。小僧が寺にもどって和尚に話すと「それは山の鬼婆だから行くな」と言われる。秋田市大平堀内の話では、小僧がアケビを山に採りに行くと、山婆が「餅を食わせるからあさって来い」という。和尚にわけを話すと、二枚の札をくれる。

この二つの話のあと、小僧は山婆の家に行き、おそろしい目に遭うが、和尚のくれた札で無事に逃げ帰り、それを追ってきた山婆を、和尚が機転で退治することになっている。

岐阜県吉城郡河合村の話（『日本昔話通観　第一三巻　岐阜・静岡・愛知』一九八〇）は勘違いの笑い話である。婆が二人連れだって歩いていた。休んで弁当にするがおかずがなく、一人が「何か煮たものはないか」と言うと、もう一人の婆が裏山へ行ってアケビを採ってきて、「似たものじゃ」と出した。

河合村の昔話はこれでおしまいとなっているが、何に似たものであるのか、その詮索は読者諸氏の想像におまかせする。

# 第二章

# ムベ

## 七五三葉をもつ縁起木

## ムベは目出度い樹

秋の山辺でみかける大形の果物に、アケビとムベがある。なかでも３Ｌの鶏卵大で、暗紅紫色の、つやつやとしたムベの果実はこれが山の産物とは思えないほど美味しそうである。

ムベは古来から目出度いしるし、瑞祥（ずいしょう）の樹とされている。それは双葉で発芽したものが、はじめには三枚、その次は五枚、そして七枚と、複葉の葉っぱが生長に応じて掌状にましていき、七枚になりようやく結実する。陰陽道で縁起の良いとされる陽数（奇数）の葉をもつ樹なので、七五三に因んで目出度い樹とされるのである。

ムベはアケビ科ムベ属の常緑つる性木本植物で、わが国では東北南部から西の各地に自生し、台湾や中国などにも分布しているとされる。別名トキワアケビ（常盤あけび）といわれる。漢字表記には、郁子と薁の二通りある。古名には牟閉（むべ）、郁子（むべ）、郁子（うべ）、宇部（うべ）、郁子通草（むべあけび）、郁子（いくし）がある。

八坂書房編・発行の『日本植物方言集成』（二〇〇一）から府県ごとの方言を引用させていただく。

奥州南部　きまんじゅー
三重県　しょんべたご
和歌山県　さるび（東牟婁）、ときわあけび（西牟婁）
島根県　ふえんべ（隠岐島）

山口県　うしのはなぐり（厚狭）、ふゆあけび（周防）
徳島県　すべ
高知県　うべ（安芸）、うべかずら（加美）、ここびかずら（幡多）、ここぶ（幡多）、さるあけぶ（安芸）、
　　　　たわらあけび（幡多、高岡）、もちあけび、もちあけぶ（安芸）
大分県　きあけび（宇佐）
長崎県　ぐべのき（東彼杵）
熊本県　ずながっふぽ（球磨）
宮崎県　わたあけぼ（西臼杵）
鹿児島県　うべ（日置、硫黄島）、うんべかずら（鹿児島市、甑島）、ほんむべ（阿久根市）

果実の形はアケビに似ているが開裂して口をひらくことはない。果実をわると緑色の果肉と、黒い種子があり、食べるときは口のなかで種子と果肉を選別しながら果肉部分だけを食べる。強い味はないが、ほのかな甘みがあり、なかなかの美味である。

ムベの実

ムベの果実が熟す時期は、地域によって多少のずれはあるが、早いところでは十月初旬ごろである。食べごろの旬は十月中旬ごろから十一月中旬にかけてで、十二月中旬ごろまで食べられる。

ムベは赤紫色の果皮の内側にゼリー状の果肉と、無数の黒い種子が果汁とともにつまっており、食用となるのはこのゼリー状の果肉と果汁である。果肉には酸味がなく、まったりとした甘さが口に広がるが、種子を分離するのが難しく、とても食べにくいので、市場価値はほとんどないと酷評する人もある。種子が多くて食べられる部分は少ないが、種子とともに果肉と果汁をとりだし、すこし水分を加えて加熱したものを裏漉しして種子を分離したピューレをつかい、ジャムやアイスクリーム、ソースなどに加工して食べる。

自然状態ではサルが好んで食べ、種子散布に寄与している。

日本では古くからアケビとともに果実として親しまれていたが、現在ではほとんど市場には流通していない。それだから、熟したムベの果実をみた人は少ないようだ。またつる性の樹木なので、造林木にからみついて、被害をあたえるので嫌われ、駆除の対象とされることなどにより、ムベの生育個体数が減少しているからだと考えられる。

## ムベを朝廷に献上

ムベの伝説を元にして町おこしをしているところに、滋賀県近江八幡市北津田町がある。同市に伝わるその伝説とは、天智天皇が蒲生野（がもうの）で狩猟をされたとき、蒲生郡島村（奥島）で男子八人の子をもつ老夫婦が長寿健在するのをご覧になり、長寿の方法をたずねられた。老翁（ろうおう）は、この地にとれるムベの実が延命無病の霊果なので、これを食べ長命をたもつとこたえ、ムベの果実をさし出した。このムベを食べた天智天皇が「宣（うべ）なるかな」と仰せられ得心されて、「斯（か）くのごとき霊果は例年貢進せよ」と命じられた。「宣（うべ）なるかな」とは、「もっともなことだなあ」、「いかにもそのとおりだなあ」という意味である。

天智天皇の仰せられた「宣（うべ）」が、いつのまにかムベに変化して、その後はこのつる植物の果実はムベと呼ばれるようになった。天皇の命により、この地域から毎年十一月に不老長寿の果実として朝廷に献上するようになった。平安時代のはじめに律令の細則として編纂された『延喜式』巻三一・宮内省の諸（しょ）国例貢御贄（こくれいくみにえ）には、近江国からはムベが、琵琶湖の魚であるフナやマスなどとともに朝廷に献上するように定められた記述がみられるので、都に近い国々のものをかかげてみる。

山城国　平栗子（ひらくり）、氷魚（ひお）、鱸（すずき）
伊勢国　椎子（しいのみ）、蠣（かき）、磯蠣（いそかき）
近江国　郁子（むべ）、氷魚（ひお）、鮒（ふな）、鱒（ます）、阿米魚（あめのうお）

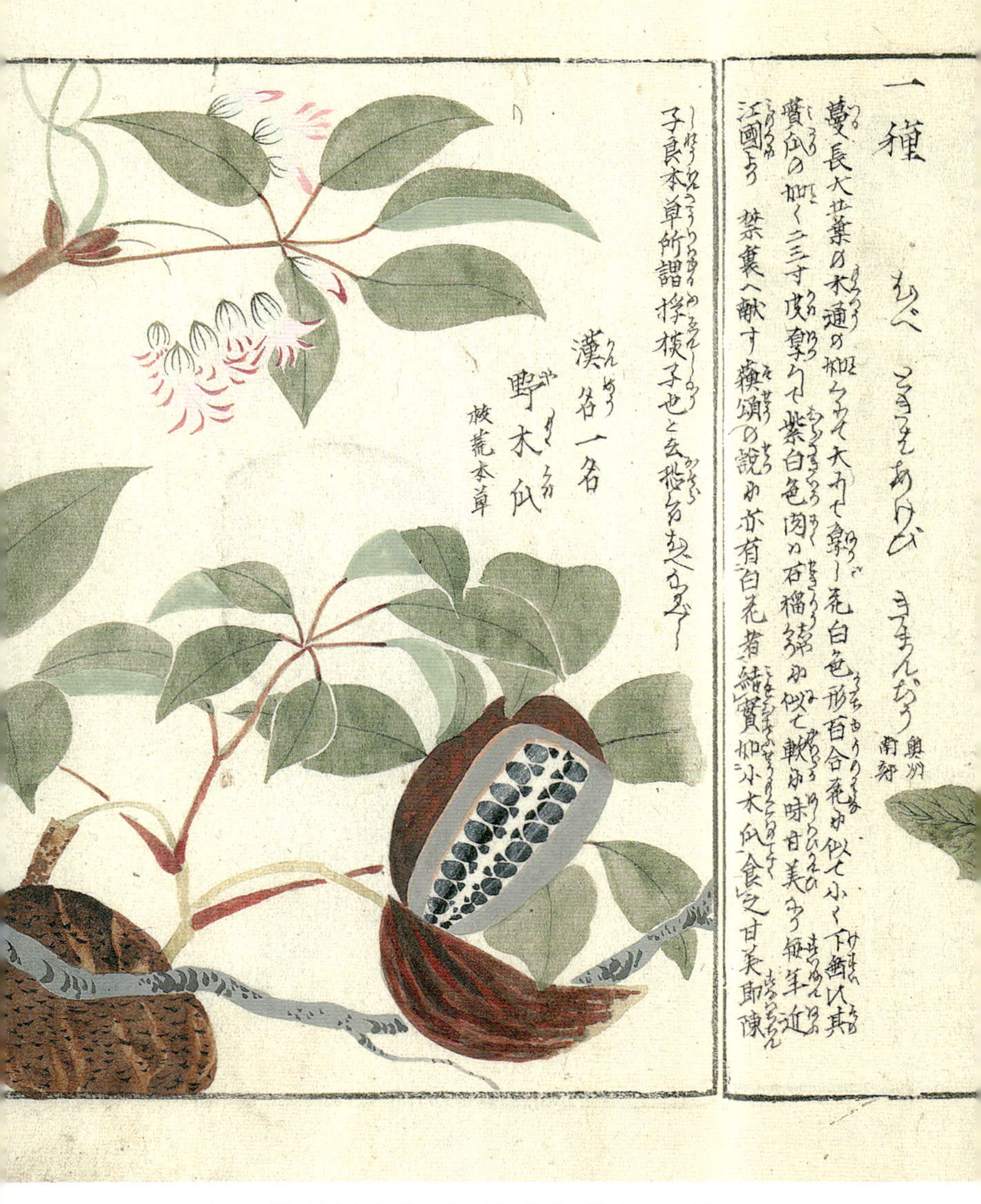


江戸末期に描かれた「むべ」の図。複葉の数（通常は７枚）
や果実が裂開している点など、不正確なところが多い。
（岩崎灌園『本草図譜』文政11年完成、田安家旧蔵の写本、国立国会図書館）

ムベの花（上）と果実（下）

丹波国　甘葛煎（あまずら）、椎子、平栗子、搗栗子（かちぐり）

諸国例貢御贄には、三〇か国の貢進の品々が記され、果実としてはむべ、栗、かしばみ、しい、青なし、たちばな、干なつめ、姫くるみ、木連子（もくれんじ）という九種類があがっている。郁子（むべ）以外の果実は、貢進する国は重複しているが、ムベは近江国がただ一つとなっている。

以後は貢御贄のムベを献上するかわりに朝廷や幕府からの賦役（ふえき）（領主が農民に課す労働と地代）を免除されたり、献上するときの道中にかぎり、一行は刀を腰に帯びてもよいとの特権をうけている。当時は、刀は貴族や武士以外では、とくに許しをうけたものでなければ帯びることはできなかった。

室町時代の終わりごろ、室町幕府や地頭が財政に困り、島村に新たな税を課そうとしたが、郁子供御人（むべくごにん）が免除の前例を願いでて許されている。供御人というのは、朝廷に属していて、天皇や皇族に山や海の産物である飲食物や、各種の手工芸品を貢納した人たちのことである。奥島からのムベの献上は、応仁の乱で世上が混乱したときはいったん途絶えた。

江戸時代にはいり前例にならって献上が再開された。ムベ献上の行列の「ムベ御用」には、天皇家の

大嶋・奥津嶋神社の歌碑

紋である十六八重表菊（いわゆる菊の御紋）の役符、御紋入り提灯まで下付され、特別待遇がされた。

明治十一年（一八七八）に明治天皇が北陸に巡行されたとき、当時の滋賀県令（現在の滋賀県知事）の籠手田安定（こてだやすさだ）がムベを献上し歌を詠んだ。

大君にささげしむべは古き代のためしをしたふ民のまごころ

この歌は、現在奥島の大嶋・奥津嶋神社の境内にたてられた歌碑に記されている。

ムベの献上は昭和五十七年（一九八七）まで滋賀県によって行なわれてきたが、伝説の老夫婦の縁戚と呼ばれ、代々供御人を務めてきた家が引っ越したため途絶した。

## ムベ栽培で町おこし

天智天皇とムベの伝説をもとに、ムベを町のシンボルにし、かけがえのない景観を守ろうと考えていた近江八幡市の大嶋・奥津嶋神社の深井武臣宮司は、市職員や会社員たちに働きかけ、まちづくり委員会を結成し、「むべに親しむ郷づくり」を平成七年（一九九五）からはじめた。深井宮司は平成十四年から二代目の委員長を務めている。

同委員会は、秋になると町内のどこでもムベの実がみられるようにしたいと、町内三カ所と、市の中心となるＪＲ近江八幡駅にブドウ棚のようなムベ棚をつくり、挿し木をして育てた。いまでは秋になる

熟しても裂開しないムベの果実

4～5月に開花するムベの花

19世紀にヨーロッパで描かれた、日本のムベの図
（シーボルト&ツッカリーニ『日本植物誌』1巻、1835-41年、国立国会図書館）

と、ムベの実の赤紫、葉の緑、小川の青が鮮やかな対比をつくり、美しい景観をつくり出している。

滋賀森林管理署が管理する奥島山自然休養林の南側にあたる津田内湖畑作営農組合の組合長の前出幸久氏は、平成十五年からムベの復活栽培をはじめ、いまでは津田内湖干拓地にある三〇アールの自分の畑にアケビと合わせて、三〇〇本のムベを植えつけている。

はじめは三〇〇本の木にムベの実が一〇〇個ほど実ったが、花の時期にミツバチを入れて受粉させたところ、一本の木だけで一〇〇個の実がついた。それで、ムベのことを知ってもらおうと、「ムベ狩り」をはじめたのである。

こうして町おこしで郁子（むべ）が栽培されるようになり、大嶋・奥津嶋神社の氏子や近江八幡市北津田町の推進委員会のメンバーたちが平成十四年（二〇〇二）から、禁裏への献上を復活させている。またムベ献上のはじまりとなった天智天皇を祭神としている近江神宮（大津市に鎮座）にも、毎年とりおこなわれる御鎮座記念祭にあたって献納されている。

近江神宮は琵琶湖の西岸に鎮座しており昭和十三年（一九三八）五月、昭和天皇の聴許（ちょうきょ）により、この

近江八幡市のムベ棚

地に近江大津宮を造営された天智天皇を祭神として創建建設がされ、官幣大社に列せられている。昭和十五年十一月七日ご鎮座の祭儀が催されており、この日を記念して祭典がとりおこなわれるのである。

宮中へのムベ献上復活のようすを、京都新聞は平成十五年十月二十七日付の記事「『むべ』を宮中に献上」で紹介している。

滋賀県近江八幡市島町の奥島山に自生する実「むべ」を宮中に献上するため、同市北津田町の大嶋・奥津嶋神社の深井武臣宮司（六十一）らが二十七日、同市役所を訪れ、市関係者ら立ち合いの下で最後の準備をした。

むべは、アケビ科の一種で赤紫色に熟すと、実は甘く素朴な味が特徴という。伝承によると、約一三〇〇年前、天智天皇が奥島（現在の同市島町）に立ち寄り、老夫婦に長生きの秘訣を尋ねた。その際に老夫婦がこの実を差し出し、賞味した天皇が「むべなるかな（めずらいいものよのう）」と言ったことからこの名がついたとされ、不老長寿の実として伝わる。

皇室への献上は一九八二（昭和五十七）年を最後に途絶えていたが、同神社の氏子や同市北津田町の町づくり推進委員会のメンバーらが昨年、二〇年ぶりに復活させた。

この日は、深井宮司や氏子総代の三人が、岡田三正・同市助役の立ち合いのもと、鶏卵よりやや大きいむべ一五個を用意。特製のたけかごに入れた後、ヒノキの箱に納め、献上の準備を整えた。

ムベの産地として知られた蒲生郡島村とは、琵琶湖の東南にある奥島のことで、内湖が干拓されたため現在では陸続きとなっているが、地名は奥島と呼ばれている。ムベの生育地は大津営林署（現在は滋賀森林管理署）が管理する国有林となっており、国有林全体が奥島山自然休養林として、人びとのレクリエーションに利用されている。

上原敬二は『樹木大図説』のなかで、岡田昌春著『むべの考』（写本）で詳しく記している。「島村には自生多く、（大津）営林署は高坂と小田浜の二箇所のムベは造林に支障なき限り保護している。その他同郡鎌掛山、飯道山、阿星山、田上山等にも多い。屋代弘賢は奥島、王浜共に琵琶湖中の島で丸山の東にありという」と記している。昭和三十年（一九五五）代初期には、大津営林署は奥島のムベ生育地は造林に支障が生じない範囲で保護していたのである。

## ムベは単木では結果しない

ムベはつる性の樹木なので、ほかにつかまるものがないとうまく生長しないため、栽培は支柱をそえた盆栽、棚仕立てか垣仕立てにするのが一般的である。四阿（あずまや）の屋根、庭門、アーチ等の屋根に用いる。立性に仕立てると鉢物盆栽としても鑑賞できる。日当たりが十分で、水湿を好むので乾かさないことが大切である。ムベには自家不和合性（じかふわごうせい）があるので、二株以上を一緒に植えなければ結実しない。

自家不和合性とは、雌雄が同株つまり同じ木に雄花と雌花がついていても、同じ木の花粉では受精がおこなわれない現象、あるいは正常種子を形成しないことをいう。自家不和合性は種子植物の半分をしめており、のこり半分は自家和合性であると推定されている。

筆者もムベを栽培したことがある。現職のとき仕事で山歩きをしていると、たまたま木材を搬出する林道の建設現場に行きあわせた。林道を建設するためには支障となる部分の立ち木は伐採・搬出されていた。広葉樹林のなかを林道予定地の伐採跡地が、うねうねと連なっていた。そこに生えていたムベを一本だけ、貰ってかえったのである。

何年かは植木鉢でやしない、ようやく一戸建ての猫の額の庭がもてたので植木鉢のムベを庭におろした。庭におろして何年目かに、七枚の複葉になり、雄花と雌花がみられるようになった。やれ嬉しやムベの実がとれると思ったが、雌花が小指の先ほどに膨らんだころ、みな落下してしまった。何年もそのことが続いたが、ムベに自家不和合性があろうなんて、

フェンスにからませて栽培したムベ

まったく知らなかった。いつだったか忘れたが、ムベは二本ないと実を結ばないことを教えてもらった。長年やしなってムベ等の植物には、雌雄同株のものでも同じ株の雄花では受精しない種（しゅ）があることをやっと気づいたというおそまつな話である。

## ムベの句歌

人びとによく知られた和歌の句のなかに「むべ」があり、木の実のムベと誤解されるものがある。『百人一首』にとられている文屋康秀（ふんやのやすひで）の次の和歌である。

　吹くからに秋の草木のしをるればむべ山風をあらしといふらむ

筆者も誤解した一人で、子どものとき正月遊びで百人一首のカルタ遊びで覚え、勉強しないまま「ムベ」に吹きつける山の風をあらしというのだと、長い間思いこんでいた。調べてみるとこの歌は、吹きはじめるとすぐ秋の草木がしおれてしまうので、なるほど山から吹き下ろす風のことを嵐（あらし）というのだろう、という意味であった。山風とは、山から吹き下ろしてくる風のことで、風の字の頭に山を載せれば嵐という字になり、終わりの句の「あらし」には「荒らし」と「嵐」がかけてあったのである。この歌の「むべ」は、なるほど、もっとも、の意味であった。天智天皇が奥島の島村の老夫婦に不老長寿の霊果としてムベを献上されたとき「むべなるかな」と仰せられた、あの「むべ」だったのである。

ついでにムベを詠んだ句歌を拾いあげてみよう。

天地（あめつち）の恩寵うけて輝けりざくろの赤き実むべの青き実　　宮　柊二
愛ずる地をひとつ亡くせしこの秋に生け垣の郁子我なぐさむ　　紫苑
紫に熟れゐるムベを楽しみに杖を片手に畠へと向かふ　　新藤綾子
ムベと云ひウベとも云ひし秋の実は爽やかなれど開かぬままに　　マックス爺
むべ蔓払へば明るくなりし窓ひそかに遊ぶ鳥かげ見ゆ　　福原滉子
五百咲き雌花一個か郁子の花　　いさんぽ
郁子の花散るべく咲いて夜も散る　　大谷碧雲居
女の瞳ひらきみつむる郁子の花　　岸田稚魚
郁子二つ誰が置いたか父の墓　　野田ゆたか
釜めしの煮ゆる間郁子の庭巡る　　奥田不二子
これがまあ郁子なる実かな宜宜（うべうべ）し　　作者不詳
ムベ熟れて寒さ身に染む秋しぐれ　　小野久子
郁子の実や鳥に食はれて洞となり　　和洞

酒買いに行きて帰らず郁子が見ゆ　　鈴木六林男
郁子熟るや忍野湧水砂あげて　　斉藤梅子

ムベは常緑のつる性樹木で、不老長寿の霊果のみのる植物として評価されるとともに、その葉っぱが生長するにつれて複葉が、三枚、五枚、七枚とふえていき、ついに七枚で霊果をつけるので、縁起木としてもてはやされている。寺の庭園には、ムベが垣根づくりで栽培されているのをみかける。個人の庭でも時折、垣根や棚仕立て、あるいは盆栽をみかけることがある。瑞々しい常緑の葉っぱが、福々しく庭の見栄えを盛り上げている。

## 無人島で異常繁殖したムベ

人の手によって栽培されている庭や盆栽では、つややかな葉っぱや秋に赤紫色に輝く果実は美しさを称えることができる。しかし、ムベはつる性のうえ常緑樹なので、自然の推移にゆだねていると、思いもかけない繁殖力で、暖温帯の極相ともいえる植生を破壊するほどの威力を示すことがある。そんな事例に瀬戸内海の小島である兵庫県赤穂市の生島(いきしま)がある。

無人島のなかで照葉樹林が極相ともみられる植生まで発達した森林に、ムベが大きな影響を及ぼしていることを服部保・小舘誓治・石田弘明・永吉照人・南山典子は「兵庫県赤穂市生島における照葉樹林の管理について」（兵庫県立人と自然の博物館編・発行『人と自然』二〇〇二）で報告しているので、要約しながら紹介する。

生島の全景

生島は赤穂市の坂越湾にあって面積は九ヘクタールの小島で、この島にある大避神社の神域として、林内の利用や人の立入りが大きく制限されていた。そのため、スダジイ、アラカシ、クスノキ、ヒメユズリハ、タブノキなどを優占種とする照葉樹林が良好な状態で保全されてきた。大正十四年（一九二四）十二月九日「生島樹林」の名称で国の天然記念物に指定され、昭和五十四年（一九七九）には環境庁の特定植物群落に記載された。そしてまた、瀬戸内海国立公園の特別保護地区にも指定されている。

このように生島の照葉樹林の植生は貴重なものと評価されているのであるが、現在ではムベが異常に繁殖し、照葉樹林の生育に大きな影響を及ぼしている。服部保らが現状を診断したところ、昭和四十五年（一九七〇）ごろには、ムベはかなり繁殖しており、それ以降もムベの生育は抑えられることがなく、年々増加して、照葉樹林を被圧して徐々に衰退させているように思われた。

服部保が平成十三年（二〇〇一）に現地を視察したところ、照葉樹林特有の積乱雲状に盛りあがっていくような良好な林冠をしている所は少なく、高木層は分断され、樹冠の不連続が目立った。樹冠の一部はムベに被陰され枯死していることが多く、枯れ枝が特徴的であった。大径木の倒木も点在しており、それらはムベによる樹冠の被陰により陽光がうけられなくなって衰弱し、枯死したものと考えられた。

亜高木層、第一低木層ともムベの被度も高く、上層全体が危機的状態と推定された。第二低木層、草本層にはムベの葉群は少ないものの、きわめて多数のつるが立ち上がって、低木や高木の下枝に巻きつき、お互いにからみあって、

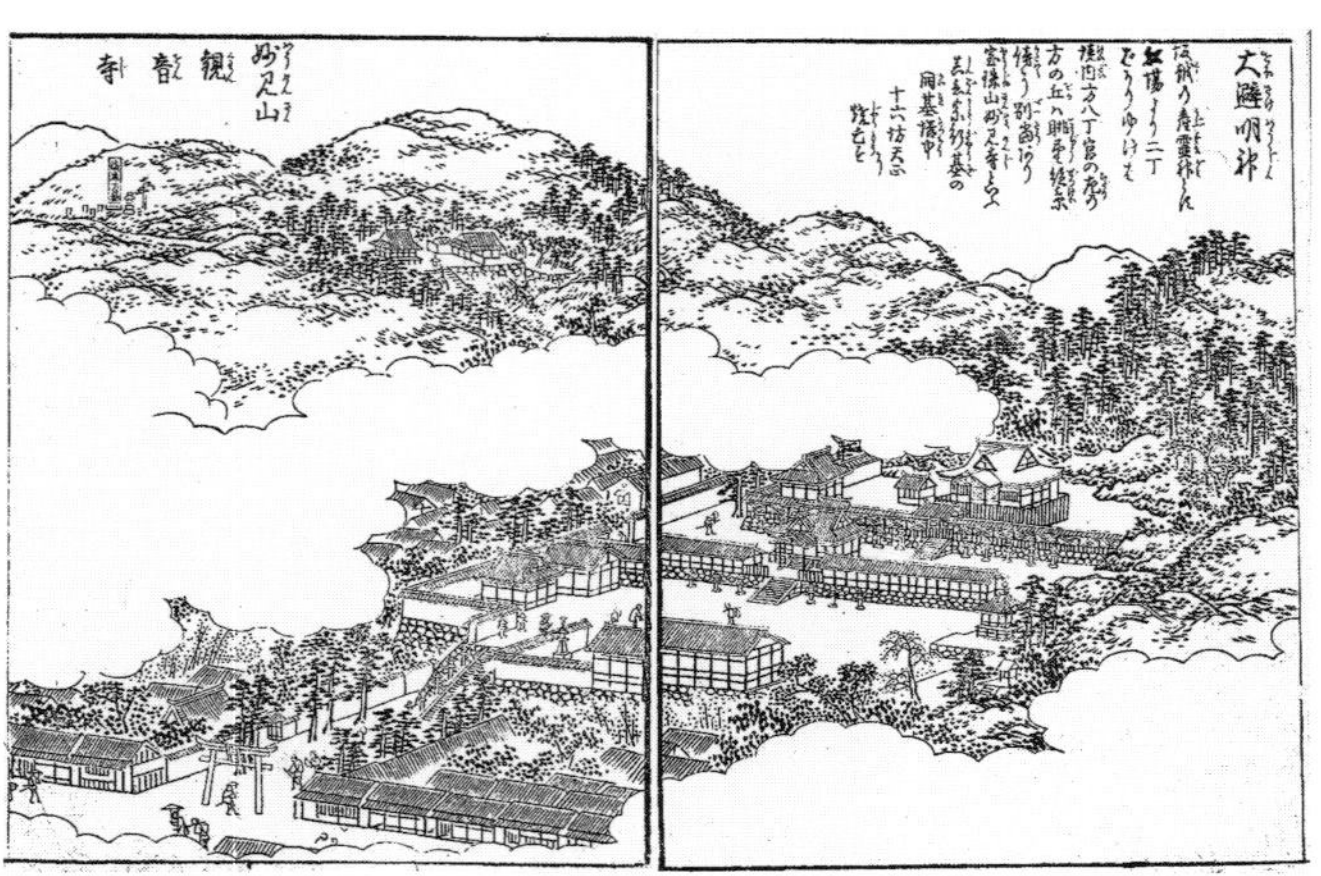


江戸後期に描かれた大避明神の図（『播磨名所巡覧図会』文化元年）

乱麻状あるいは藪状の異様な景観をなしていた。

服部保らは平成十四年（二〇〇二）二月十六日、生島内に一〇メートル四方（一〇〇㎡）の調査区五カ所を設け、高木層、亜高木層、第一低木層、第二低木層、草本層の五階層に区分し、各階層ごとの全出現種のリストを作成した。

生島の照葉樹林の階層構造の一例
（『生島の植生調査報告：植生管理10年後の現状』〔赤穂市教育委員会 生涯学習課 編集・発行、2012年〕より転載）

それによれば調査区№1ではムベの出現はなく、高木層にテイカカズラの繁茂が目立った。このような植生は生島では稀である。生島の植生は、№2から№5が典型的で、高木層や亜高木層においてムベの繁殖がいちじるしい。調査区で出現する種の数は、一七種から一九種と少ない。調査区№4では、高木層をムベ（植被度九〇％）が占拠しており、そのうえムベは亜高木層・第二低木層・

草本層にも出現している。

それぞれの調査区ごとのムベの生育本数は、No.2区は六五本、No.3区は二四本、No.4区は一一本、No.5区は一五本であり、なんと四〇〇㎡の区域に一一五本という多数のムベが生育していたのである。一本当たりの面積は三・四七㎡となり、いわゆる一坪（畳二枚分）に一本という高密度な生育状態となっており、異常な繁殖ぶりであった。

このまま放置すると生島の照葉樹林全体の崩壊につながる可能性があるので、ムベの生育を抑制するため、つるを切断することにした。生島の土地所有者である大避神社から、文化財保護法と自然公園法の手続きをすませ、ムベのつる切りが許可された。

## 異常繁殖したムベのつる切りとその効果

ムベの生育抑制の簡単でもっとも確実な方法は、ムベのつるを地際で切断することである。切断後、株から萌芽枝が発生して、ふたたびつるが生長してくるが、切断前の状態に戻るまでには一〇年以上はかかると予想された。切断したムベの葉は二〜三日でしぼみ、つるは半年から一年で腐り、落下するので、切断したムベのつるはそのまま放置しておく。

この天然記念物林の植生管理の仕事は、一般市民に呼びかけておこなうことにした。その結果、地元の赤穂市内から一二〇名、市外から一三〇名、合計二五〇名の申し込みがあった。平成十四年（二〇〇二）二月十六日、植生管理としてムベのつる切断を実施した。

参加者は坂越港（さこしこう）に集合し、六班（各班三〇名、指導者二名）に分かれ、船で生島に渡った。一般市民の作業は午前中とし、午後は五〇名程度の人数で二時間ほど切断作業をおこなった。これらの作業によって約一万五〇〇〇本のムベのつるを切断したが、切断すべきつるの二分の一から三分の二程度は切断できたと思われた。

赤穂市ではこのムベの生長抑制作業で市民が大勢参加していたので、これを奇貨として住民参加による生島の清掃活動を年一回イベントとしておこない、現在まで継続している。

生島全体にわたって異常な繁殖をしていたムベの繁殖を抑制するための作業を、平成十四年二月におこなってから一〇成長期を経過した平成二十三年（二〇一一）十一月、その後の経過観察のため服部保らは調査を実施、その際の様子と現地の状況を『生島の植生調査報告―植生管理一〇年後の現状』（著者＝服部保・南山典子・石田弘明・橋本佳延・黒田有寿茂　赤穂市教育委員会編・発行　二〇一二）として発表した。

それによると、森林の階層を五層に区分して調査している。もっとも高い階層の高木層ではスダジイのほかアラカシ、ヤブニッケイなどが多く、ムベは生育していなかった。平成十四年の繁殖抑制作業時にはムベの出現頻度は五〇%と高い値であったが、一〇年後の今回の調査では平均被度は〇・一一%ときわめて低く、ムベの繁茂は完全に抑制されていた。

永久調査区№1は、作業前にもムベの生育はなかった。同№2区では高木層に二〇%、亜高木層に五%の披度でムベが繁茂していたが、消滅していた。ムベの除去で林内が明るくなり、草本層の植物は増加していた。同№3区では亜高木層と第一低木層にそれぞれ一〇%の披度でムベが生育していたが、草本層にごくわずか出現するのみとなっていた。同№4区では高木層の三〇%を占めていたが、消滅していた。同№5区では、高木層の二〇%を占めていたが、草本層にわずかに出現する程度となっていた。

全島的にみて、ムベの繁茂は完全に収束し、亜高木層以上に達しているムベは確認できなかった。

相関的にはムベの繁茂によって枯死したスダジイ高木の林間ギャップがまだ存在するものの、平均胸高直径五〇センチを超えるスダジイ等の高木が優先しはじめ、より良好な植生景観が回復しつつあった。また種の組成もセンリョウをはじめイズセンリョウ、アリドウシ、テイカカズラなど希少種も多く含んでおり、高い多様性を示していた。

服部保らは平成二十四年の調査結果を、「ムベの繁茂は完全に停止し、林冠の回復が進んだ。林内の光環境は大きく改善され、種多様性、林床性植物の披度の増加が認められた」とまとめている。

# 第三章

# アザミ

## 優美な牡丹刷毛形の花

## 牡丹刷毛形の美花

アザミは田畑のあぜや道端あるいは野原に生え、濃い緑の大きな葉っぱをしている。ちょっと見では野性味のある植物である。しかも、その鋸歯（きょし）の先端にはするどいトゲがあり、うっかり触ると刺され、いたい目にあう。厳めしいトゲで身を守っているが、四月下旬ごろから咲きはじめる花は、淡紅色または淡紅紫色で美しく、優しいまるい牡丹刷毛のような形をしている。

多年草で冬に地上部は枯れるが、宿根で冬をこす。若いとき根出葉（こんしゅつよう）があり、しだいに背が高くなり、茎葉をもつが、最後まで根出葉が残る種もある。草原や乾燥地、海岸などにあらわれるが、森林内にはあまり出現しない。綿毛（冠毛）のついた果実が風でとび散って増殖する。受粉は昆虫による虫媒花（ちゅうばいか）である。

山のふもとの田畑や山野を歩いた人は、美しい花をわが家で観賞しようと、トゲにさされるのもかまわず折りとって、茶花や生け花の材料とする。アザミの名は、戦後間もない昭和二十五年（一九五〇）ころに大流行した「アザミの歌」（横井弘作詞）によって人びとによく知られているが、最近では現物をみた人は少ないようである。

アザミの仲間はキク科アザミ属の多年草であり、まれに一年生もある草本である。アザミの葉は、厚く、羽状に深くさけるものから浅くさけるものまであり、いずれも鋸歯が鋭く、先端にトゲ針がある。葉の裏がわの面はほとんど毛のないのものから、白綿毛で密におおわれているものまである。いずれも根出葉をつけるが、花の時期にも根出葉の残るものや枯れるものがある。

アザミの花は多数の小花からできている頭状花で、春に咲くノアザミを除いて、ほかはすべて秋に咲く。頭状花を構成する小花はすべて両性花で、同形の筒状花であり、いずれも結実する。果実はふつう麦わら色をしている。

アザミの仲間は、地中海沿岸、北アメリカおよび東アジアなどの温帯から寒帯まで広く分布し、世界には約三〇〇種が生育している。地方変種が非常に多く、日本には一〇〇種以上あるとされ、学者により二〇〇種はあるという人もある。

アザミの新種を、約三〇年間の研究生活のなかで九〇種あまり見つけだした門田裕一氏を、朝日新聞の平成二十五年（二〇一三）十一月七日の「ひと」欄が載せているので、要約しながら紹介する。門田氏は年間一〇〇日を新種探しに費やし、「宝探しみたいで面白い」という。

門田氏はトリカブトの分類を専門にしていたが、山に調査に入るとかたわらにいつもアザミがあった。いずれ役に立つと標本をとりはじめたが、アザミにはトゲがあり、葉は大振りでA3の標本台紙におさめるのに一苦労であった。花と葉、茎の配置が織りなす均斉美が格別である。いま確認されているだけで一五四種あり、さらに続々と国内各地のアザミ仲間から新種の可能性の情報がとどく。

なぜ日本のアザミは、世界に類をみないほどの多様性をもつのか、謎の答えは自然に問うしかない。大規模開発や災害で、生育地ごと消えた種もある。門田は「野に出て、アザミの生きざまをこの目で確かめて、かれらの戸籍簿を完成させたい」という。

わが国全土の亜熱帯の海岸から亜高山帯まで分布し、また湿地帯や崩壊地、草原などさまざまな場所の、いろいろな環境に生育している。現在も新種がみつかり、さらに種間の雑種もあるので、分類・同定はかなりの困難がともなう。種の識別には、花の大きさ、つき方、総苞（そうほう）の形、総苞片の形とつき方、開花期に根元の根出葉の有無などの確認が必要である。

## 日本産のアザミ

標準和名を単にアザミとする種はなく、アザミとはアザミ属の総称である。

主なアザミの種を紹介する。

ノアザミ（野薊）は、初夏に枝のいただきに紅紫色の管状花ばかりからなる頭花が直立する。花冠はまれに白色、紅色など異なったものも出現する。総苞はやや球形で幅二センチ内外、多少くも糸状の毛があり、総苞片は直立して先が鋭く、刺針があり、背面に隆起した粘着部がある。春のアザミは大体これと考えてもよい。ノアザミとは、野にあるアザミの意味である。本州、四国から九州にかけて最もふつうに分布している。園芸でもっとも多く栽培されている。茎の高さは六〇センチから一〇〇センチ、ときには二メートルにもなる。根出葉は花時にもみられるが、ノハラアザミほど著しいロゼットにはならない。この種の改良品をドイツアザミといい、切り花用に栽培されているが、ドイツとは全く関係がない。新種を売りだす際、新しさを強調するためドイツを冠につけたのではないかといわれている。

ノハラアザミ（野原薊）という種がある。ノアザミとまぎらわしいが、この種は花を秋に咲かせ、分布地も本州の中部地方より北の乾いた草地に生える。ノハラアザミは枝分かれが少なく、根元の葉が花の時期にも、しっかりと残っている。晩夏から秋にかけて茎の上部で枝分かれし、紫紅色の頭花をつける。頭花は花柄が短く、しばしば二個から三個集まってつき、直立する。ノハラアザミは原野に多いため、牧野富太郎が命名した。

ノハラアザミの根出葉

オニアザミ（鬼薊）は、高さが一メートルほどに育ち、夏に花を咲かせる。花は数個がかたまってうつむいて咲き、総苞に毛がある。大きくてトゲがあるので冠にオニがつけられた。トゲのあるものに「オニ（鬼）」をかぶせた名前をもつものが多い。分布地は中部地方、東北地方の日本海側である。

フジアザミ（神奈川県丹沢山地）

群生するオニアザミ

江戸初期の襖絵に描かれたヒメアザミとされる植物（中央）
（俵屋宗雪『合歓木・芥子図屏風（元は襖絵）』の部分　1630-70頃　ワシントンD.C.、フリーア美術館）

ノアザミ（左）とオニアザミ（右）

ダイアザミ（大薊）は、関東地方に多く生育する大きなアザミのことで、別名トネアザミ（利根薊）といわれる。ナンブアザミの変種である。

広義のナンブアザミ（南部薊）は、草丈は一メートルから二メートルにまで生長する。夏から晩秋にかけて、茎のいただきまたは上部の葉腋（ようえき）からでた花枝に赤紫色の頭花をつける。頭花の多くは横向きに咲かせる。総苞片は反り返り、開花期に根出葉はない。北海道から中部地方にかけ、日本海側に分布している。変種をふくめると四国まで分布している。ナンブアザミは、南部（岩手地方をさす）産の山アザミの意味である。

フジアザミ（富士薊）は、夏の終わりから秋に花を咲かせるが、その直径は六センチから八センチにも達する大きな花で、枝のいただきにつき、横を向く。開花期にも根出葉が残っていて、直径一メートルほどに広がる。わが国で一番大きな花を咲かせるアザミであることと、富士山麓がおもな分布地であることから命名された。関東および中部地方の山地の日当たりの良い荒れ地や、崩壊地の斜面などに生える巨大な多年草である。葉は長大で五〇センチから七〇センチと

ナンブアザミ

なり、いちじるしいトゲ針があって先は鋭くとがっている。花の色は紫で美しい。根は太く、長く横に伸び、六〇センチから一〇〇センチにもなる。「富士牛蒡（ごぼう）」「須走（すばしり）牛蒡」とよび、根を漬物とし、「山牛蒡」の名前で販売していた。白花の咲くシロバナフジアザミもあり、こちらは切り花として流通している。

ハマアザミ（浜薊）は伊豆七島、静岡県以西の太平洋岸の砂地に生える海岸性のアザミで、葉が厚くつやがある。根は直根で地中に深くはいる。茎は根元から分岐し高さ三〇センチから四〇センチとなる。七月から九月ごろ茎の上部で短く分枝し、先端に数個の頭花が直立する。花の色はふつう紅紫色だが、ときに白花品があってこれをシロバナハマアザミという。長い根と葉の主脈を食用とし、ハマゴボウ（浜牛蒡）ともいわれる。根はゴボウのような形と香味がある。

モリアザミ（森薊）は、本州、四国、九州の草原に自生しており、時に食用にされる。

サワアザミ（沢薊）は、本州、四国、九州北部の湿地に生える

ハマアザミ

モリアザミ

江戸末期に描かれたアザミの図〔上：小薊とふじあざみ、下：とうじあざみ〕
（岩崎灌園『本草図譜』文政11年完成、田安家旧蔵の写本、国立国会図書館）

〔上：大薊と様々な色のはなあざみ、下：さわあざみ〕

アザミで、茎は高さ六〇センチから一〇〇センチになる。秋にやや花茎状の茎の上端で少数の枝が分かれ、先端に花時には横にむく頭花をつける。花冠は紅紫色で長さは一八ミリ内外である。マアザミ（真薊）、ミズアザミ（水薊）、キセルアザミ（煙管薊）ともよばれる。

タチアザミは、北海道から本州の日本海側の湿地に分布している。

ツクシアザミ（筑紫薊）は、九州ではいちばん普通なアザミで、四国、九州に分布する。

タカアザミは、東北地方から北方の湿気のある草原に生える二年草で、まれに関東および中部地方に生える。東アジアにも分布している。高さ一メートルから二メートル、茎は直立して太く角張り、径は一センチを超えるが、上部では円錐状に細く、かつ立った枝を出す。盛夏をすぎてから枝端に多数のうつむいた頭花をつける。小花は淡紫色で細く長く、長さは約二センチである。

サワアザミ

## アザミの語源と方言

アザミは、深江輔仁（ふかえのすけひと）が延喜十八年（九一八）、一〇二五種を収録し注記したわが国最古の本草書『本草（ほんぞう）

和名』に、「大小薊根、和名阿佐美」とあり、古くからこう呼ばれていたことがわかる。アザミの語源を大槻文彦の『新訂大言海』（冨山房　一九五六）は、「あざみ草ト云ウガ、成語ニテ、刺多キヲあざむ意ニテモアルカ」と、トゲが多いので興ざめることを意味して命名されたとしている。山中襄太は『続語源博物誌』（大修館書店　一九七七）で、「葉のギザギザの切れ込み『ギザ』から『ガザ』がおこり、さらに『アサミ』に転じた」としている。「ミ」は実のことであろうか。

日本大辞典刊行会編『日本国語大辞典』（小学館　縮刷版一九七九）は、他に、沖縄の八重山方言で「トゲ」を意味する「アザ」に植物名の接尾語「ミ」がついたという説、アザミの花の色は紫と白で交ざりたる（あざみたる）ところからとする説、「アラサシモチ（粗刺持）」の意味とする説などをあげている。

アザミは薬用に用いられた里の菜、山菜として、あるいはウサギなどの飼育小動物の飼料として採取されるなど、人間との関わりが深い植物であるところから、方言も多い。八坂書房編・発行の『日本植物方言集成』（二〇〇一）から、各地の方言を紹介する。

青森県　あんじゃみ
山形県　くんしょーぐさ（東田川）、くんしょーばな（東田川）
福島県　うまのぼたもち（相馬）、うまのもち（相馬）
群馬県　うまのおこわ（山田）、うまのおばこ（山田）

千葉県　うまのぼたもち（印旛）、まんぼたもち
東京都　ちちくさ（江戸）
長野県　のみとりばな（下水内）
新潟県　いたいいた（中越）、うばのかいもち（西蒲原）
静岡県　いたいいた（田方）、とげとげそー（小笠）、ばら（庵原）
愛知県　やまごぼー
岐阜県　あかうま（恵那）、あかんま（恵那）、いたいいた（飛騨）、いたいたぼうず（飛騨）、いたいたぼぼ（飛騨）、よまごぼー
三重県　しばな（志摩）
滋賀県　あざいも（高島）
奈良県　いたいいたのき（南大和）、うしでーうまでー（南大和）、うしでこいうまでこい（南大和）
和歌山県　いたいいた（有田）
島根県　いが（美濃）、いがいが（美濃）、いがぐさ（鹿足）、いぎのはな（美濃、益田市）、ちちくさ（美濃）、ちちぐさ（美濃）、めら（隠岐島）
兵庫県　いたいいた（加古）、がざみ（赤穂）

岡山県　いがな、いざな（真庭）、がざみ（吉備）、とーほー（真庭）

山口県　あざ（佐波）、あざひ（美祢）、あざみな（玖珂）、あざめいぎ（都濃）、あだびな（玖珂）、あだみ（厚狭、吉敷、大津）、いが（熊毛、吉敷、阿武）、いがいが（厚狭、豊浦、美祢）、いがな（熊毛）、いがのぼたん（熊毛、豊浦）、いがんどー（美祢）、いぎ（玖珂、熊毛、都濃、佐波、吉敷、美祢、阿武）、いぎぐさ（玖珂）、いぎな（大島）、いぎのはな（玖珂、熊毛、阿武）、いぎばな（都濃、豊浦）、いぎぼたん（佐波）、いきんど（吉敷、美祢）、いぎんどー（玖珂、熊毛、吉敷、美祢）、いたいた（玖珂）、いら（熊毛）、うさぎぐさ（玖珂）、うさぎくさ（柳井市）、おにたんぽぽ（玖珂）、ぎたぎた（大島）、ぎだぎだ（大島）、こーじろいき（玖珂）、さざみ（豊浦）、ななばけ（熊毛）、のいぎ（佐波）、べにばら（都濃）など四一種

香川県　ぐいばな（木田）、ばら（東部）

愛媛県　いがな（大島）、がざみ（松山市、北条市）、がざめ（松山市、北条市）

福岡県　あざめ（粕谷）、

大分県　あざめ（大分）、あだみ（大分）、あだめ（大分）、あらめ（海部）、いがいが（大分）、いどら（大分）、いどぬばな（大分）、おにくさ（速見）、おにぐさ（速見）、おにざめ（東国東）、おにばば（北海部）、ぎざぎざ（北海部）、ばかたれ（大分）など一五種

熊本県　あざめ（玉名）
鹿児島県　あだん（奄美大島）
沖縄県　あざ（新城島）、いしぐんぼー（石垣島）、うぶんぎ（黒島）、つぃばな（首里）、はまぐんぼー（石垣島、小浜）、ぱまぐんぼー（石垣島、鳩間島）、んじつぃちゃー（首里）

このように実に二七都県の方言が採取・収録されている。なかでも山口県の方言名は四一種という多数にのぼっており、調査地域も県下全域が網羅されている。東日本の諸県の方言数が少ないのが気にかかるところである。

## 薬用のアザミ

中国ではアザミの花、地上部全草または地下部を「大薊」「小薊」、ときには「大小薊」と称して薬用としている。大小薊は、婦人の赤白沃（しゃくびゃくよく）（赤帯下、白帯下のこと）を治す。胎を安んじ、吐血、鼻血を止め、人体を肥健ならしめる、とその効能を述べている。

佐藤潤平・三浦三郎・難波恒雄著『家庭で使える　薬になる植物　第Ⅲ集』（創元社　一九七九）は、アザミ属はヨーロッパでも古くから薬用とされており、ディオスコリデスは、キルシオン（アザミの仲間）と称する薬草を、静脈瘤の止痛薬として有効であるという。なおディオスコリデスは、古代ギリシアの医者、薬理学者、植物学者である。薬理学と薬草学の父といわれている。インドにおいても、アザミの仲間のある種の全草を吐剤、強壮、発汗、通経に効果があるとし、またある種の根は胃内のガス停滞に内服、潰瘍や膿瘍に外用し、地上部は抗壊血病の薬として使用されているという。

わが国では「アザミ根」または「和続断（わぞくだん）」という商品があり、主にリュウマチなどの鎮痛剤とされるが、この原植物は産地によって異なっている。和続断の原植物は、岩手県産のものはノアザミ、長野県産のものはナンブアザミとフジアザミ、群馬県産のものはダイアザミとニッコウアザミ、四国産のものはケショウアザミとシコクアザミである。

アザミの薬効は、①アザミの根とハコベの全草を干したものを、適当に混ぜて煎じて飲むと虫垂炎に特効がある。②アザミの根を五グラムから七グラム煎じて、一日三服すれば小便がよく通じ、悪い血を除き、リュウマチなどの痛みを止めるという。③アザミの葉の煎じ汁で腫物や痔疾などを洗うと効果がある。また花を煎じて飲むと、出血性諸疾患や虫刺されなどによい。

岡田稔 監修『新訂　原色牧野和漢薬草大図鑑』（北隆館　二〇〇二）はノアザミの薬用について、薬用部分は根（大薊（たいけい））と茎葉とし、根は花期に掘りあげ水洗いした後、刻んで日干しする。茎葉は六月から七月に採取して日干しする。成分は、根にα－ヒマカレン、キベレン、ツヨプセン、クロロゲン酸、ポリフルクトサン、イヌリン、ペクチン様物質、ヘミセルロース、茎葉にフラボノイドのペクトリナリン、配糖体のチラシン、イヌリンなどが含まれる。

薬効と薬理は、薬理効果についての詳細は不明だが、解毒、利尿、強壮作用があるとされ、健胃、消炎、利尿薬として胃病、夜尿症、浮腫、神経痛などに用いられるとしている。

監修 水野端夫・田中俊弘編『日本薬草全書』（新日本法規出版 一九九五）はノアザミについて、薬用部位は根だけとしている。薬理作用は、①血圧下降作用 水浸液、エタノール浸出液はイヌ、ネコ、ウサギで血圧下降作用を示す。②抗菌作用 根の煎液または全草の蒸留液は、ヒト型結核菌に対して抑制作用を示す、としている。薬効は、健胃、強壮、解毒、利尿、止血薬として胃炎、夜尿症、生理不順、子宮筋腫および下血、尿血、鼻血に用いられる。また、服用すると強壮になるとしている。

## 禁裏、アザミを食用に栽培

日本人は古くからアザミ類の若芽や根を食用とし、平安時代の貴族たちもアザミを食べていた。『延喜式』巻第三九・内膳司の耕種園圃の項にアザミを食用野菜として栽培されていたことが記されている。

園地は三九町五反二〇〇歩（約三九・一八ヘクタール）という広大な面積で、山背国（やましろ）（現京都府南部）と大和国（現奈良県）の両国の七カ所に分散していた。この園地に栽培されている作物は、大麦、大豆、小豆（あずき）、大角豆（ささげ）、蔓菁（かぶ）、韮（にら）、なぎ、薑（しょうが）、薊（あざみ）、早瓜（わせうり）、晩瓜（おくてうり）、羅菔（だいこん）、萵苣（ちさ）、葵（わさび）、こにし、蕓台（あぶらな）、蘇良、襄荷（みょうが）、芋、水なぎ、芹（せり）という二一種類であった。青物野菜とされるのは、かぶ、にら、なぎ、あざみ、だいこん、ちさ、わさび、あぶらな、水なぎという九種類で、アザミも立派な野菜の仲間として天皇をはじめとする皇族の方々のために栽培されていたのである。現在でこそ、アザミは野菜としての地位は下落し山菜との評価であるが、平安時代初期には立派な蔬菜の一種であった。

七カ所ある禁裏（きんり）用の畑のどこでアザミが栽培されていたのかは不詳であるが、アザミ栽培用の畑の広さは一反（一〇アール）あり、種子は三石五斗（六三〇リットル）も蒔かれていた。畑は役牛で耕やされ、肥料の人糞尿を一〇〇担（かつぎ）施されていた。これだけ肥料を施されると、盛んな生長をみせて、柔らかなアザミが出来上がったと推定される。七月に地上部が刈り取られ、調理され食用に供されたのである。そして三年に一度、植え替えが行なわれている。禁裏におけるアザミの調理方法は不詳のままである。

庶民が日常的に野菜として食べるためアザミを栽培する方法を、清水大典著『山菜全科　採取と料理』（家の光協会　一九六七）から紹介する。

ナンブアザミ（ヤマアザミ）は、生活力が強いので栽培は楽である。大型種で草丈は高さ一メートルから二メートルになり直立するため、生活範囲を広くとる必要がある。集団栽培には、なるべく日当たりの良い、生長期にはむんむんと草いきれのするような場所が好ましい。肥料として化学肥料を与える。繁殖は株分けか実生で行なう。

サワアザミの集団栽培には、湿った原野、水路の土手下、スギ林の林縁などで行なうのがよい。肥料は油粕、鶏糞、化学肥料などを施す。繁殖は株分けか実生で行なう。タチアザミの集団栽培には、原野、用水路の土手、雑木林などを活用する。肥料は油粕、鶏糞、化学肥料などを与える。繁殖は株分けか実生で行なう。

オニアザミは根を目的とするときは、表土の深い土地を選ぶ。集団栽培には未利用の原野か山の東南斜面を活用する。肥料は油粕、鶏糞、化学肥料を用いる。繁殖は株分けか実生で行なう。フジアザミは根を利用する種類なので、太く肉質で長く伸びる根を育てるため、集団栽培は深く耕すことを条件に、山の東南か西斜面を利用する。肥料は油粕、鶏糞、化学肥料などを与える。繁殖は株分けか実生であるが、最初は床蒔きで苗を仕立てる。

ハマアザミはなるべく排水のよい日なたを選び、深くまで耕す。適地は未利用の原野か用水路の土手である。肥料は鶏糞と油粕、化学肥料などを与える。カリ分かリン酸分を多く与える。繁殖は株分けか実生とする。移植するときは、大きくなってからは避ける。

## 葉と茎を食べる

江戸前期の宮崎安貞（みやざきやすさだ）著『農業全書』巻之五・山野菜之類・第一一小薊（あざみ）は、「あざみ色々あり。菜にし食するには萵苣（ちさ）の葉に似て広く、刺なくやわらかにして、菜園に作る物なり。苗の時、又はわかき時、葉をかぎ茹物（ゆび）きてあつ物、あへ物、ひたし物などに用ゆべし。精をやしなひ、久しき血をやぶり、新しき血をまし、其性よき物なり。作様（つくりよう）ちさに同じ。菜園の端々などに作るべし」と記している。萵苣（ちさ）とはレタスのことで、現在では結球性のタマチシャが大部分であるが、明治以前は結球しないサラダ菜が主流であった。茎についた葉を生長するにつれて下から順にかき取って食用にしていた。『農業全書』は、アザミも栽培品にはチシャと同じように、茎の葉をかいで、あつ物（つまり汁物の具）、和え物、浸し物で食べていたとする。

ほぼ同時代の貝原益軒（かいばらえきけん）著の『菜譜（さいふ）　中巻』圃菜下は小薊（あざみ）の食用を「葉わかき時、煮てあへ物として食す。味よし。性亦（しょうまた）よし。茎を日かげにさしてもつく。大薊は鬼あざみといふ。わかき時葉を食す。大小ともに性よし」と記す。また苦薊（さわあざみ）については「小にしてはりなし。味小あざみの如し。沢辺に生ず。性あしからず、食ふべし」と記している。

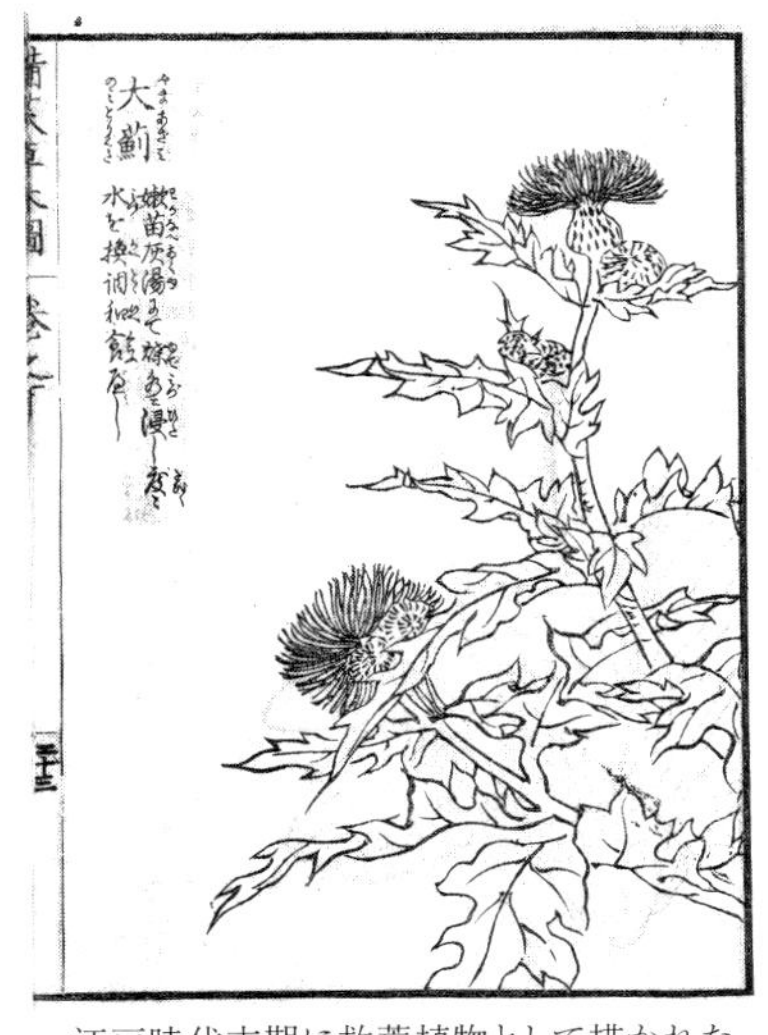

江戸時代末期に救荒植物として描かれたアザミ（建部由正『備荒草木図』天保4年）

『農業全書』も『菜譜』も、アザミは地上部の葉を食べることに重きをおく。

しかし、アザミには地下の根を、同じキク科のゴボウと同じように食べる方法がある。

まず地上部を食用とするものから、前に触れた『山菜全科　採取と料理』を中心に紹介していくことにする。

ナンブアザミは集団で生育しているので目につきやすく、収量も多い。食用とする部位は若い茎で、高さ四〇センチから一〇〇センチくらいに伸びた茎の葉をかきおとし、柔らかい茎の部分の皮をむいて用いる。採取時期は、ふつう五月から六月ごろで、雪解けの遅い山奥では七月初旬まで摘むことができる。クセのないまろやかな味で、愛好者が多い。

皮をむいたアザミは、汁物の実、煮つけ、油煮、てんぷら、甘煮、あんかけ、粕漬、つくだ煮。細切りにして磯まき。茹でて胡麻和え、白和え、粕和え、ピーナツ和え、煮びたし、ひや汁、芥子和え、酢の物などで食べる。保存は、塩漬け、卯の花漬け、粕漬け、味噌漬けにする。

サワアザミは群生するので見つけやすく収量も多い。食用部位は柔らかい茎と若葉である。茎は皮をむき、葉はそのまま用いる。採取時期は、茎は五月から六月、雪解けの遅い山奥では七月ごろまで採取できる。若葉もほぼ同時期に利用できる。味は葉まで食べられる温和な味が特徴で、固有のさわやかな香味がある。日本海側を代表する食用アザミである。

料理は、てんぷら、あんかけ、油いため、油煮、甘煮、卵とじ、煮つけ、汁物の実、つくだ煮、カレー煮、茹でて浸し物、白和え、胡麻和え、胡麻味噌和え、煮びたし、冷や汁、クルミ和え、ピーナツ和え、芥子和え、粕漬けにする。保存は、塩漬け、卯の花付けである。

タチアザミは生育地では群生しているので、採りやすい。食用部位は、柔らかい茎で、皮を剝いて用いる。採取時期は五月から六月ごろ、雪解けのおそい山奥では七月ころまで採取できる。味は、くせがなく、アザミのなかでは貴族的である。

料理は、てんぷら、つくだ煮、あんかけ、油煮、カレー煮、茹でて浸し物、胡麻和え、胡麻味噌和え、煮びたし、冷や汁、クルミ和え、ピーナツ和え、サラダ、芥子和え、切り和え、酢の物、白和え、粕和えにする。保存は、塩漬け、卯の花漬けである。

オニアザミは、生育地では群生しているので探しやすく、量も多く採れる。食用部位は柔らかい茎と新根で、茎は皮をはぐ。根の部分の利用法などは、後で述べる。茎の採取時期は五月から六月ごろである。刺が鋭いアザミだから、採取するときには棒などで茎葉を全部落としてから採取する。味は、アザミ特有のさわやかな香味にあふれ、地方色豊かで、舌触りもよい。

料理は、煮つけ、てんぷら、汁物の実、あんかけ、油煮、つくだ煮、卵とじ、カレー煮。茹でて浸し物、冷や汁、ピーナツ和え、クルミ和え、酢の物にする。保存は、塩漬け、卯の花漬けである。

ハマアザミは生育地では集団で生えるのでも探すのは容易である。食用部位は若葉と根で、モリアザミとともに根菜型アザミの代表である。若葉の採取時期は五月から六月である。葉の料理は、煮つけ、糠漬け、てんぷら、和えもの、煮びたし、冷や汁、味噌漬け、粕漬けにする。

## 根と山ゴボウ

オニアザミは新根を食用とするのだが、根の細いものはそのまま、小指大のものは芯の筋をとる。根の採取時期は、春から秋まである。このアザミの根は野鼠の大好物で、春に掘り取ると味のよい柔らかい部分は、冬の間にほとんど野鼠に食い荒らされている。

料理は煮つけ、てんぷら、田楽、つくだ煮、ぬか漬け、塩漬けにする。保存は味噌漬け、粕漬け、こうじ漬けにする。

フジアザミは、集まって群生するので見つけやすい。食用部位は柔らかい根で、芯の繊維部分を除いた皮の部分である。採取は、春から秋にかけて掘り取る。味は代表的な根菜型のアザミで、この仲間特

食用にされるハマアザミ

有の香りは新鮮である。昔から須走牛蒡（すばしりごぼう）の名で知られる。

料理はてんぷらによく、煮つけ、油煮、汁物の実、すき焼き、あんかけ、きんぴら煮、澄まし汁、甘煮、茹でて酢の物、胡麻和え、白和え、マヨネーズ和え、一度塩漬けしたものを粕漬け、味噌漬け、こうじ漬け、醤油漬け、芥子漬けにする。

ハマアザミの根の採取時期は春から秋までである。味はさわやかな香りと、フレッシュな舌ざわりは、本物のゴボウとは違った魅力がある。料理は煮つけ、てんぷら、きんぴら、汁物の実、卵とじ、茹でてあんかけ、甘酢漬け、酢の物、白和え、マヨネーズ和えにする。

出荷される山ゴボウ

観光地などで山ゴボウ、菊ゴボウ、三瓶ゴボウなどの名で売られているものは、栽培されたモリアザミの根である。アザミの根なのにゴボウと呼ばれるのは、色が白くて、太さも小指ほどで、長さは二〇センチ程度と、ゴボウにその形が似ているところからきている。ほとんどが漬物加工用として使われている。最近では生食用として、きんぴらや和え物、すき焼きの材料に使われている。寿司屋の巻き寿司の具に使われているものもあり、これは菊ゴボウとも呼ばれている。

岐阜県の高山地方では美味しいアザミの根の味噌漬けがあり、土地の味として古くから飛騨の山ゴボウとして知られていた。現在では、長野県でも同じ種類のアザミが栽培されるようになり、飯田市などの伊那地方や松本市では、山ゴボウの醬油漬けや味噌漬けが名産となっている。また岐阜県の奥美濃地方では、細かく切って「延年麹味噌（なんばん、ごぼう入り）」として地の味噌に赤唐辛子を刻み入れ、モリアザミの根と人参なども入れて作られている。熱いご飯と食べるととても美味しいという。

島根県大田市の三瓶（さんぺい）地方は、出雲神話で神が国引きをしたとき、一方の綱を結わえたと伝えられる三瓶山の麓にあり、広大な原野に生えるアザミの根を三瓶ゴボウの名で観光客の土産物としている。

山形県小国（おぐに）地方のアザミは大きく育って苦味がなく、柔らかく、胡麻のような風味があり、絶妙な味わいだといわれる。雪深い小国では、冬の保存食としてアザミの新芽を塩漬けに貯えておく。食べるときには、一度塩抜きして油いためにしたり、ニシンなどの魚と一緒にする。

日本の食生活全集青森編集委員会編『日本の食生活全集2　聞書き　青森の食事』（農山漁村文化協会一九八六）によれば、青森県津軽半島東部の東津軽郡平館村（現外ヶ浜町）では、春の田んぼの雪が消え農作業がはじまるころには、朝の味噌汁の実はアザミとなる。春に芽吹いた山菜のアザミやコゴミ、ウドなどが毎日のように御膳にのぼり、山菜の新鮮でアクのある独特の味のよさを感じて食事をする。味噌汁に入れたアザミの青さは、冬の間赤茶けた干し菜の菜っ葉汁ばかりで飽き飽きしていた家族をとても喜ばせる。夕食にもアザミの味噌汁が出る。下北半島の東北部にある下北郡東通村（ひがしどおりむら）でもアザミを入れた味噌汁が御膳にでるが、ここではアザミ汁という。

平館村（たいらだてむら）（現外ヶ浜町）でのアザミの味噌汁の作り方は、アザミを熱湯で茹で、水にひたして冷ましてから、刻んで味噌汁の具にする。春一番の山菜の味なので、どこの家でも喜ばれる。アザミは塩漬けにして保存する。さっと茹でて、塩を加えてしょっぱくした海水をたっぷり入れた中に浸け、軽く重石をしておく。この塩蔵アザミは水で塩出ししてから、刻んで味噌汁に入れる。

## アザミの花の品種

アザミ花は美しいので、古くから観賞されてきたようであるが、文献資料はみかけることがないようだ。栽培用の品種名がみられるのは、江戸文化が華やかに幕開けした元禄時代に江戸の染井村の植木屋伊藤伊兵衛三之亟が元禄八年（一六九五）に著したわが国初の園芸書『花壇地錦抄（かだんちきんしょう）』を、その子の伊藤伊兵衛政武が補い追加した『増補地錦抄』巻之六・あざミのるいである。

『増補地錦抄』に次ぎ、享保4年（1719）に刊行された『広益地錦抄』のアザミ

○紅筆　花の色くれないのあざみなり
○ふじの雪　花しろし大りん
○あけぼの　うすきいろあり大りんうすかきのようにも見ゆる
○うすすみ　うすむらさき
○くろべに　こいむらさきにてあかくべに紫なり

この五つの品種が記されているが、花の色は、紅、白、うすい黄色、大輪では柿色、うす紫、濃い紫、紅紫という七種類となっている。なお、これより約一〇〇年後の文政十一年（一八二八）、江戸時代後期の本草学者・岩崎灌園が著した『本草図譜』には、かば色、白、るり色、つま白、つま紅、つま紫の六品種が色彩画で描かれている。

現在、園芸で一般に栽培されているアザミは、ノアザミ（野薊）を改良した、ハナアザミ（花薊）と呼ばれる品種群で、花期は四月から六月である。主な栽培品種に次のようなものがある。

・ドイツアザミと呼ばれる品種がある。名前にドイツと国名がついているが、ドイツ国にはこのアザ

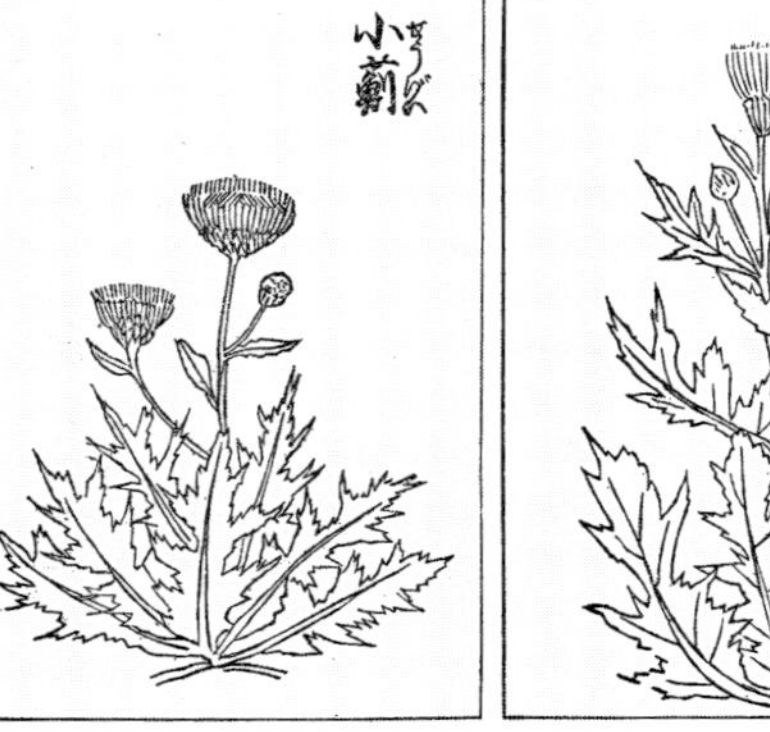


『広益地錦抄』でアザミは「大薊」「小薊」として、薬草の部でも取り上げられている。

ミは生育していない。大正時代にこの品種の花を売り出すとき園芸商が、新しい花だと強調するため「ドイツ」と冠を付けたといわれている。ドイツアザミの花は、濃紅色のほか、白色、淡紅色などが素晴らしく、そのうえ花茎が長くて丈夫である。水揚げもよいので、アザミの切り花の大半を占め、花を生ける華道の人たちには馴染み深い花となっている。

・寺岡アザミは、濃紅色の美しい花をつける。極早生種で、切り花用として栽培されている。この品種は、冬季に温室内で促成栽培すれば一月から二月でも開花するという特性をもっている。実生（みしょう）栽培用としての評価が高く、多く栽培されている。

・ラクオンジアザミは、花径七センチから八センチという大輪で、露地栽培向きである。

・アーリーピンクは、寺岡アザミから桃色の花を選抜した品種で、草丈は一メートルから一・五メートルに育つ。

・テマリレッドは、桃紅色の花で、草丈は六〇センチから七〇センチに育つ。

麓次郎は『四季の花事典』（八坂書房　増補版一九九九）のなかで、花材として和名チョウセンアザミ（英語名アーティチョーク）という花径一五センチもある巨大なアザミの花を紹介している。それによれば、この種は地中海原産でわが国には明治以後朝鮮半島経由で輸入されたが、アザミ属とは属が異なる。高さ二メートルから三メートルになる大形の宿根草である。蕾は球形、花は紫色で美しく花托（かたく）は肉質である。この肉質の花托を茹でたものは特有の風味と芳香があり、欧米では珍重されている。日本でもフランス料理店やイタリア料理店で見かけるし、市場にもときどき出る。また、この若芽を軟白したものも賞味するという。

野生のアザミでも、花の美しいものがあり、地方によって庭に栽培されている。その一つサワアザミの花は、おだやかな感じで美しく、切り花、茶花として用いられる。

アーティチョークの蕾

## アザミの詩歌

戦後の混乱がまだ続いていた昭和二十五年（一九五〇）にＮＨＫのラジオ歌謡として大流行した詩に、「山には山の憂いあり　海には海の悲しみや　まして心の花園に　咲きしあざみの花ならば」と歌う、横井弘が作詞した『アザミの歌』がある。

また、短歌には次のようなものがある。

梅のもとにけしの花咲き松のもとにあざみ花咲く藁家のみぎり　伊藤左千夫

杉むらの秋の日うたき下草に心つよくも咲く薊かな　正岡子規

薊咲く岩の上高み島の子の冷たき手をばひきあげしかも　島木赤彦
夕日の岩真黒けれども薊咲くところにはかたまり咲くも　島木赤彦
里住にややなれそめつ、六月の薊さく野に頬(ほ)は日やけして　岡　稲里
口をもて霧吹くよりもこまかなる雨に薊の花はぬれけり　長塚　節
葉も刺もこころには似ぬ薊かな　支考

俳句にもアザミはよく詠まれる花であるが、単に「アザミ（薊）」とした場合は春の季語となる。アザミの種は広く全国的に分布し、ふつうに山野にみられる春咲きのノアザミである。夏や秋に咲くアザミは、別に区別される。

世をいとふ心薊を愛すかな　正岡子規
行く人の背も顔振りや薊原　河東碧梧桐
末枯にのこる薊やおそろしき　河東碧梧桐
あざみあざやかなあさのあめあがり　種田山頭火
ゆく春やとげ柔らかに薊の座　杉田久女
泣きじゃくる赤ん坊薊の花になれ　篠原鳳作

触れてみしあざみの花のやさしさよ　星野立子

夏に開花するアザミの種にフジアザミやハマアザミがあり、このようなアザミを総称して俳句では「夏薊」と呼ぶ。

夏薊揺れてをり雲の湧きつぎぬ　山上樹実雄

夏薊かつて路傍の草なりし　奥村光子

廃屋に薪高々と夏薊　小泉静子

誰からも好かれるなんて夏薊　杉本ひかり

詩のような仕草の少女夏あざみ　齋藤まさし

秋に花を咲かせるアザミを総称して俳句では「秋薊」と詠む。代表的な種にフジアザミ（富士薊）があり、この種は大形の紫色の花を咲かせ、世界のアザミの中でもっとも大きく美しい種類といわれている。

富士薊棚田の奥に村の墓　仁平房女

ノアザミの花の形が化粧用の眉刷毛（まゆはけ）に似ているので、眉ばき、眉作りなどの別名がある。

朝顔の露化粧（けは）ひたり眉作り　月巣

# 第四章 ナノハナ 晴れやかな春色の花畑

冬の日に菜の花活けている妻きよらなる思ひしばしとて　前川佐美雄

まだ真冬の二月、暖かな房総半島から菜の花が咲きはじめたとの便りがとどくと、日本列島全体に、ほのぼのとした温かさが伝わってくる。菜の花はまさに陽春を象徴しており、華道の人たちは厳寒のころから、春の息吹を託してよく用いる。晴れ晴れとした黄色の、まばゆいばかりの輝きをはなつ菜の花は、茶祖千利休が好きな花の一つであった。自刃（じじん）のときこの花を生けたとの説があるが、文献的には詳らかではない。茶人は一般に三月の利休忌までは遠慮し、命日に花を生けるのが習慣である。

菜の花はふつう桃の花と同じく四月ごろ咲くが、ひな祭りに桃の花とともに生けられ、ひな壇は春の華やかさと初々しさがあふれかえる。この両者の取り合わせの妙、素晴らしさは、同時期に開花する花同士、自然の摂理のたまものなのである。

菜種梅雨（なたねづゆ）ということばがある。いつつくられたのかはっきりしないが、春雨前線が停滞するためにおこる雨の多い時期、あるいはその雨をさす言葉である。主に三月半ばから四月前半のぐずついた天気をいうのだが、このころ関東以西で油菜（あぶらな）が開花しているのがみられるところからきている。

## 菜の花とはどんな花か

菜の花とは、植物学的にはアブラナの花のことをいい、アブラナは種子から油をしぼるのでナタネ（菜種）の名で知られている。アブラナ科アブラナ属には、カブ、カラシナ、カリフラワー、キャベツ、ハクサイ等があるが、これらの花もふくめて菜の花と呼んでいる。

一般にアブラナまたはナタネと呼ばれるものは「在来ナタネ」と、明治期に導入された「セイヨウアブラナ（西洋菜種と記す）」と二種をふくむ。これらにチリメンハクサイが改良された観賞用のナノハナ（菜の花）などの名が混乱して用いられているが、ここでは在来ナタネを「菜種」と記すことにする。

菜種は地中海沿岸から中央アジア高原の原産で、日本へは一説には弥生時代に渡来したといわれる。葉はうすく淡緑色でやわらかく、春に高さ一・五メートルほどにのびた茎の先に、黄色の十字の形をした四弁花をつける。花が咲き終わった後、円筒形で先の長い莢（さや）ができ、中の種子は直径約二ミリで赤褐色をしている。このことから赤種（あかだね）の呼び名もある。

菜種の地方名も数多く、うんだい、からし、かぶ、おおな、たね、

在来ナタネの花

はるな等三八種に及び、他の農作物の地方名よりも多様であることから、この植物が古くから広く栽培されていたことがわかる。

八坂書房編・発行の『日本植物方言集成』（二〇〇一）から、菜種つまりアブラナの方言を引用させていただく。

青森県　かぶ（八戸）、なたね（八戸）、なだね（八戸）
岩手県　くきたち（二戸）、くくたち（二戸）
宮城県　なばな（仙台市）、はるな
福島県　からし、からしな（大沼）、ながらし（会津若松市）
埼玉県　のらぼーな
東京都　ふゆな
静岡県　なっぱ（小笠、富士）
新潟県　はずな、はだな
岐阜県　さじな（吉城）、はるな（恵那）、ふくたつな（吉城）
長野県　ねーり（諏訪、東筑摩）、ねーれ（諏訪）
山梨県　ねーれ

滋賀県　たね、ながらし
京都府　はたけな
奈良県　まな
和歌山県　まな（和歌山市）
鳥取県　たね、たねかぶ
島根県　しょーたね、たねかぶ、たねな（鹿足、隠岐島）
岡山県　ぜんとく、たね、たねこ
広島県　ぜんとく、たねこ
山口県　たね（厚狭）、なたね（厚狭）
香川県　まなかぶ（高松市）
愛媛県　たね、なたね（新居）、まな
福岡県　からし、からしのはな（柳川市）、からせ、なたね（久留米市、三井、浮羽）
佐賀県　からし、からしな、からしのはな（柳川）
長崎県　からし（壱岐島、諫早市）
大分県　からせ

奈良県明日香村の菜の花畑

江戸後期の浮世絵師・窪俊満による「菜種集め」（ボストン美術館）

東都・小松川の菜の花（喜斎立祥〔二代歌川広重〕『三十六花撰』国立国会図書館）

熊本県　からし（玉名）、たね（下益城）
宮崎県　たかぶ、たね
鹿児島県　あぶらたね、からしなたね、たね、たねかっ、たねかぶ（垂水市、肝属）、たねっ（肝属）

菜種は油料植物であると同時に、食用植物であったからこれほど各地にいろいろな名称で呼ばれているのだ。菜種の「菜」は、もともとは副食物を総称する「肴」や、食用にする魚の「魚」と同じ語源である。菜にはやさいという意味もある。アブラナ科の葉菜である辛菜、高菜、白菜、蕪菜、油菜などは、古くからの代表的な菜である。

菜の花を食用とするために多く栽培しているところに、香川県、高知県、千葉県、三重県などの太平洋沿岸の温暖な地方がある。菜の花を食用する部分を大別すると、一つは在来種油菜系はつぼみの目立つ頭頂部をまとめており「はなな」と呼ばれている。もう一つの西洋油菜系は脇芽をかきとるのでつぼみがなく、そのまま袋詰めにされており「なばな」と呼ばれている。

西洋油菜は固く筋っぽくなりやすいが、在来種よりも苦味が少なく、甘味が強いという特徴をもっている。「なばな」の産地としては三重県桑名市長島町の栽培面積が一七〇ヘクタール（平成十九年現在）という広い面積で栽培されており、全国一で「なばな発祥の地」と呼ばれている。

ビタミンCやミネラルが豊富な緑黄色野菜であり、アク（蓚酸）はホウレンソウの二〇分の一以下なので、調理にあたっては茹ですぎないことが大切である。

## 種子から油を搾る

古い時代、灯火油は犬榧（いぬがや）、椿などの木の実から搾っていたが、平安時代初期の貞享（八五九～八七七）のころ、山城国（現京都府南部）山崎の神官が長木（ながき）という道具で荏胡麻（えごま）から油を搾ったという記録がある。草本植物の種子から灯油を搾った最初の記録である。なお、荏胡麻はインド・中国原産のシソ科シソ属の一年草で、高さは約一メートルになる。葉や茎は浅緑色、花は白色、葉には一種の臭気がある。果実は小さく、炒って胡麻の代用としたり、荏油（えのあぶら）を搾る。この油は乾性油で、桐油紙（とうゆがみ）の製作や雨傘に塗って用いられた。

菜種油が搾られるようになるのは少し遅れ、室町末期の天正（一五七三～九二）のころで、摂津国遠里小野（おりおの）村（現大阪市住之江区）の

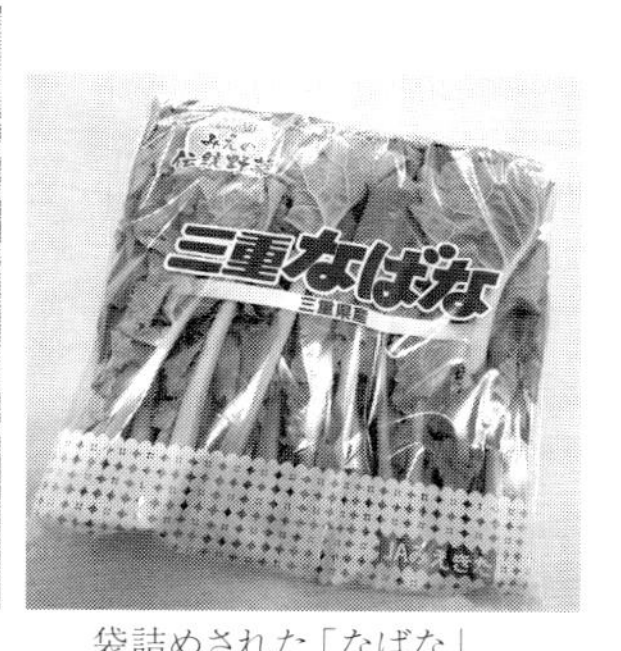

袋詰めされた「なばな」

三重県桑名市の「なばな」栽培

色鮮やかな菜の花と花桃（京都府宇治市）

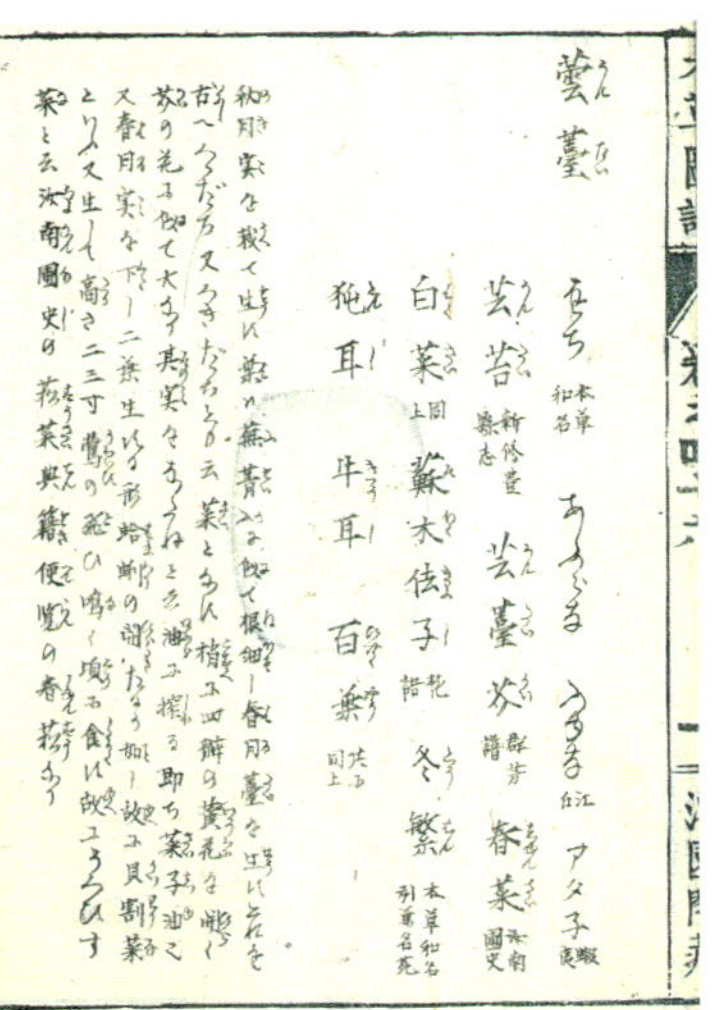

江戸末期に描かれた「蕓台」の図
（岩崎灌園『本草図譜』文政11年完成、田安家旧蔵の写本、国立国会図書館）

酒井抱一「三月 菜花に雲雀図」（『十二カ月花鳥図』〔文政六年〕より　宮内庁三の丸尚蔵館）

若野某が菜種を搾り、住吉明神に献納したのが始まりとされている。アブラナの名前は、このころにつけられたようである。

菜種の種子は三八～四五％の油を含んでいる。菜種の油分は上質で澄んでおり、優れた灯油料として多用されたほか、食用では油揚げや天ぷら等をあげる油としても使われるようになった。しかし、菜種油が食用として本格的に利用されるようになるのは、明治時代に入ってからである。

菜種油は、ときには鬢付け油に加えられたりするなど、近世の暮らしには欠かせないものとなった。搾りかすは田畑や庭木、盆栽の肥料として、現在でも広く利用されている。

菜種は菜のおいしさと、種子から油が搾れること、稲田が空いている冬に育つので二毛作として稲田の有効活用ができることなど、作物として好まれ重宝がられて、年代とともに広く栽培されるようになっていった。

菜種栽培が記録された最初の書物は、元禄十年（一六九七）刊行の宮崎安貞著『農業全書』である。同書「巻之三　菜之類　第四　油菜」は、油菜は一名蕓台または胡菜というと、まず別名を記し、それはじめ韃靼（いわゆる中国の西域のことをいう）より来たったものなので胡菜というとしている。

菜種は田畑に種を蒔くと生育がよく、虫もつかず、種子も多く、油を搾れば利益のある作物なので農民は多く作る、と菜種栽培の普及状況を記している。そして「三月黄なる花をひらき、さながら広き田野に黄なる絹をしけるがごとし」と、春の開花期にはあたり一面が真っ黄色にそ染まったようだと、菜種栽培地の風景を述べている。

享保二十年（一七三五）より五年間にわたり各地の農海産物、鉱物などを調査した記録『享保・元文諸国産物帳』からは菜種が、南は九州から北は東北の岩手県まで栽培されていたことがわかる。畿内（大和、山城、河内、和泉、摂津国の五カ国）で菜種栽培が本格的に行なわれるようになるのは享保年間以降となる。

文政十二年（一八二九）に大蔵永常が記した菜種作りの専門農書『油菜録（ゆうさいろく）』には、それまでみられなかった大荚（おおさや）、大箒（おおははき）、小箒、朝鮮、赤玉という品種名があがっており、品種改良や栽培技術の進んだ様子がみられる。

同じ時期、疲弊した六〇五カ町村を復興させた二宮

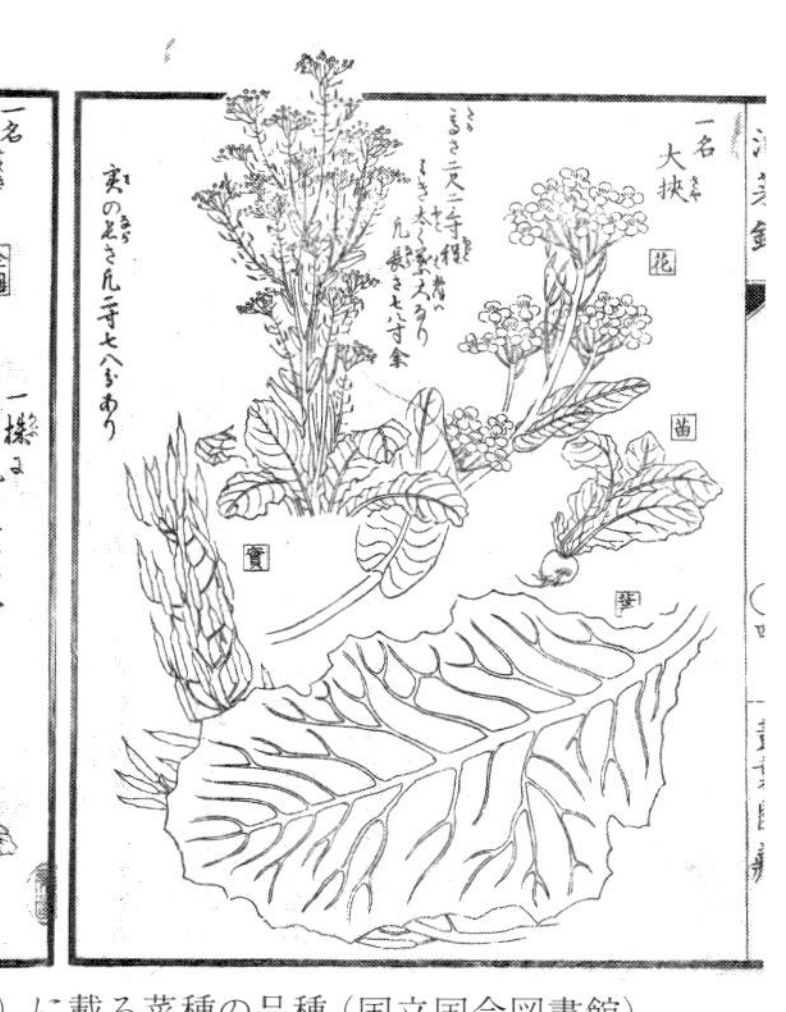


大蔵常永『油菜録』（文政12年）に載る菜種の品種（国立国会図書館）

尊徳（一七八七〜一八五六）は、小学校の校庭の薪を背負って立つ銅像でおなじみだが、菜の花にまつわる話でもよく知られている。尊徳がまだ金次郎と呼ばれていた幼少時、学問嫌いの伯父の世話になっており、夜高価な油をともして読書をしていたことを叱られた。金次郎は一握りの菜種の種子を借り、誰も耕さない河原に蒔き、翌年には袋一杯の菜種がとれたので、油屋で種油と換えてもらい、それで読書したというものである。

## 菜の花の句歌

菜の花は黄色い四弁花が茎の先にむらがって咲き、明るく春の美観を演出するものとして、俳句では春の季語として詠まれている。菜の花といっても菜種の花だけに限定されていない。正徳三年（一七一三）に刊行された『滑稽雑談』は、「菜の花、芥（からし）、白菜、油菜みな二月に開く。すべて菜の花と称するなり」といい、四弁花の同類はみな菜の花に含められている。菜の花は江戸時代から栽培されるようになったので、それ以前の短歌や俳句をみつけだすのは難しい。

一すぢの小道の末は畑に入りて菜の花一里当麻（たいま）寺まで　服部躬治

菜の花にかすみて小さき野の寺に春の涅槃（ねはん）の鐘うちしきる　太田水穂

涅槃は仏陀釈尊の入寂（にゅうじゃく）の日である。小さな菜の花の咲き乱れる野が抱えている寺から、仏陀をとむらいしきりに打ちならす鐘が陰々とひびいてくる。

都より西を霞に見わたせば野は黄なるまで菜の花咲く　与謝野礼厳
菜の花に蝶のむつる現さへ夢に見らるる老が庵かな　与謝野礼厳
ゆきゆけば朧月夜となりにけり城のひむがし菜の花の村　佐々木信綱
菜の花の黄色小雨にとけあひてほのににじめる昼のあかるみ　岡　稲里
菜の花の乏しき見れば春はまだかそけく土にのこりてありけり　長塚　隆

菜の花が好きであった与謝蕪村は、安永三年（一七七四）に次の句を詠んでいる。

菜の花や月は東に日は西に　蕪村

暮れそうで暮れない春の夕暮れ時、東の空の満月、西の空に赤々と沈みかけた夕日、地上は見渡すかぎり一面の菜の花である。天と地が結ばれるという大きな風景を詠んだ句で、多くの人に愛されている。

なのはなや昼ひとしきり海の音　蕪村
菜の花や鯨もよらず海くれぬ　蕪村

まっ黄色な菜の花畑を春風が吹きわたっていく。あまり強くない風が、花から花へと移っていくありさまを見送っていくと、いまさらのように菜の花畑の広さ奥行きの深さが感じられることを詠んだ古句に次のものがある。

菜の花のふかみ見するや風移り　路健

この句は、菜の花と移りゆく風だけを詠んだちょっと変わった句である。河川や海岸にはいつとはなしに野生化した菜の花が見られ、春景色を醸しだしている。

菜の花の中に川あり渡し舟　子規

前の句は、川の両岸に黄色い菜の花が咲き乱れている情景である。現代の句から、川と菜の花を詠んだものをとりあげる。

長良川青く花菜の中流る　辻恵美子

菜の花や淀も桂もわすれ水　言水

菜の花に汐さし上る小川かな　河東碧梧道

前に触れたように、菜の花畑を柔らかく揺らせて去っていく春風の情景は、春ののんびりした風情が感じられる。

菜の花やなのはないろに海の風　井桁衣子

菜の花に鳶の残せし疾風かな　佐藤光峰

菜の花にそよ風わたる慕郷かな　大元周史

なの花の中に城あり郡山　許六

## 菜の花の絵画と詩歌

日本画に描かれた菜の花は、意外にもその数は多くない。主流の一つである花鳥画に菜の花が描かれるようになるのは江戸時代末期あたりからである。それも蕪村の「菜の花や月は東に日は西に」の句のような、大風景ではなく、春を彩る花の一つという位置づけで描かれている。

代表的なものに、江戸琳派の酒井抱一が文政六年（一八二三）に描いた『十二カ月花鳥図』の「三月菜花に雲雀(ひばり)図」がある。一本の野生化した菜の花が思う存分に茎や枝をひろげ、まさに花盛りである。根元にはつやつやした濃い緑の葉っぱをした、これも花盛りの菫(すみれ)が一〇本余りあり、蓮華草(れんげそう)の桃色の花もみえる。それらの草かげにヒバリの幼鳥がみられる。満開の菜の花のうえには、ヒバリの母鳥が旋回している。おだやかな春の一こまを、見事に描ききった花鳥画である。

浮世絵にも菜の花の図柄は少なく、二代目広重の慶応二年（一八六六）の『三十六花撰』の「江戸小松川の菜の花」図に描かれている。この図の左側は近景に四茎の菜の花をいっぱいに描き、図幅のほぼ中央を横切るかたちで遠景の村々と木々を描き、中景に菜の花畑とそこにあそぶ二羽の鶴を描いている。

開花期には、一面が黄色一色で埋めつくされる菜の花畑は、まさに春景色であり、カラー写真ではうまく表現できそうであるが、大風景を描写することに慣れていなかった江戸期の画家たちにとっては、菜の花は描きづらい画題であったのだろう。

明治・大正期の日本の早春の田畑は、菜の花の黄色と蓮華（れんげ）の赤紫色で彩られ、その春景色は詩や唱歌にも詠われ、広く親しまれている。文芸作品などに登場する菜の花は、明治以後は拡大した西洋油菜が主体とみられる。

明治三十三年（一九〇〇）、大和田建樹（おおわだたけき）は『鉄道唱歌』の東海道編で、まずはじめに「汽笛一斉新橋をはや我汽車は離れたり」と、当時の東海道線の始発駅から汽車を出発させ、品川、大森、川崎、戸塚、鎌倉、逗子（ずし）、横須賀、御殿場、沼津、静岡と、汽車の停まる駅ごとにそれぞれの地の産物や特徴を七五調の名調子で紹介していく。

そして第五六連になって「はや大阪につきにけり　梅田は我をむかえたり」と大阪に到着し、五七連・五八連・五九連と三つの連で大阪とはどんなところか簡潔に紹介する。六〇連で大阪を離れると、汽車の両側は菜種畑がひろがっていることを、歌っている。

六〇　大阪いでて右左
　　　菜種ならざる畑もなし
　　神崎川のながれのみ
　　　浅黄にゆくぞ美しき

江戸期には大阪平野が菜種栽培の中心とみられていたが、明治期中ごろは淀川を渡った兵庫県側でもさかんに栽培されていたのである。
大和田建樹は『散歩唱歌』の春の条（くだり）なかで菜の花を、「黄なる菜のはな　青き麦　錦と見ゆる　野のおもの」と、菜の花の黄色と、すくすく伸びている麦の青色が織りなす田園風景の美しさを錦のようだと褒めたたえている。

大正三年の『尋常小学唱歌（六）』に採用されている文部省唱歌の『朧月夜（おぼろづきよ）』は、高野辰之（たかのたつゆき）の作詞である。この歌の風景は彼の故郷である長野県の最も北にあたる飯山（いいやま）地方である。この地方では、長い冬が終わると、白銀の世界が菜の花でまたたく間に黄色に塗り替えられていたという。狭い飯山盆地の中を流れくだる千曲川に雪解け水が流れこむころ、あたり一面は靄（もや）に包まれるという。北信の春の山里の夕暮れ時の、なにか懐かしい景色である。

この歌の菜の花は、西洋油菜か、または着想を得たとされる長野県飯山市で栽培されている野沢菜の花ではないかと推定されている。

菜の花畑に　入日薄れ
見わたす山の端　霞ふかし
春風そよふく　空を見れば
夕月かかりて　におい淡し

明治末期から大正期における、山深い北信の段々畑一面にひろがる菜の花の黄色である。大正四年（一九一五）山村暮鳥（やまむらぼちょう）は詩集『聖三稜玻璃（せいさんりょうはり）』におさめた「風景　純銀もざいく」で、「いちめんのなのはな」との行を三連もつらね、どこまでも続く菜の花畑を描写している。

いちめんのなのはな
いちめんのなのはな
いちめんのなのはな
いちめんのなのはな
いちめんのなのはな
いちめんのなのはな
いちめんのなのはな
かすかなるむぎぶえ
いちめんのなのはな

これが第一連で、八行目にどこからか聞こえてくる「かすかなるむぎぶえ」を記し、その菜の花畑の奥行きの深さを描写している。二連目も同様に八行目に「ひばりのおしゃべり」がきて、三連目の七行まで「いちめんのなのはな」が続き、八行目に「やめるのはひるのつき」と記し、見えない月と対比している。

これらの詩や唱歌のように、大正から昭和初期にかけては菜の花畑がよく歌われている。

## 菜の花プロジェクトの発展

幕末から明治初期、菜種は琉球（現在の沖縄県）を除く全国で、田畑の裏作として栽培された。筆者が生まれた岡山県北東部の美作台地でも、田んぼの裏作に菜種と麦を植えていた。麦の熟れるころ菜種を収穫して、油屋へ持っていき油と交換していたことを思い出す。

東京でも現在では繁華街となっている上野、新宿、池袋、渋谷などに点在していた農地には菜の花畑がみられた。

明治以降は、種子が黒褐色をしているので黒種と呼ばれるセイヨウアブラナ（西洋油菜）が導入され、在来種にとって代わった。戦時中衰退した菜種栽培は、戦後の食糧増産政策により一時的に回復し、昭和三十一年（一九五六）には国内の栽培面積は二六万ヘクタールにまで達したが、その後の農産物の輸入自由化により、外国産菜種におされ急速に減少していった。

その後、菜の花は野菜用か切り花用として栽培されるようになったが、これらは花をひらく前に収穫されるので、昔のような菜の花畑を見ることが局所的となり、一面の菜の花はあまり手の加えられない河川敷ばかりなっていた。

最近になって菜種油のバイオエネルギー活用の取組みがはじまった。ＥＵ諸国では一九七三年の第一次オイルショックの経験から、太陽光や風力、バイオマスなどの再生可能エネルギー活用を目指してきた。そのひとつにドイツの菜種油からのバイオディーゼル燃料があった。ドイツでは資源枯渇が考えられる化石燃料に頼らず、しかも温室効果の高いＣＯ$_2$を抑える化石代替エネルギーとして、菜種油の燃料化計画を推進した。

資源作物としての菜種に注目し、休閑地を利用して、食料としての菜の花ではなく、エネルギーを生み出すための菜種栽培を進めた。一九八八年には、菜種の作付け面積は一〇〇万ヘクタールにおよび、菜種油から精製した燃料を置くガソリンスタンドが、全国に八〇〇箇所も設置された。

わが国では、昭和五十一年（一九七六）ごろ、琵琶湖の水質悪化が深刻化するなかで、家庭から出る生活排水を重視した消費者が中心となり、合成洗剤に代えて「せっけん」を使おうという運動が滋賀県ではじまった。それは「琵琶湖の富栄養化を防止する条例（びわこ条例）」の制定となり、せっけん運動と並行して、昭和五十三年に「家庭から出る廃食油を回収して、せっけんへリサイクルする運動」がはじまり、運動して県下にひろまった。

廃食油の回収量は増大したが、洗剤メーカーの無リン合成洗剤の売り出しにより、一時は七割を超えたせっけんの使用率が急速に低下し、廃食油のせっけんへのリサイクルに課題がうまれた。廃食油を資源として有効活用するため、廃食油の新しいリサイクルの仕組みを作り出すことが課題となった。そんな中で、ドイツの「菜種油プログラム」と出会った。

平成十年（一九九八）から滋賀県愛東町（現東近江市）では、転作田に菜の花を植え、菜種を収穫し、油を搾って菜種油にし、その菜種油は家庭の料理や学校給食に使い、油粕は肥料や飼料に使う。廃食油は回収しせっけんや軽油代替燃料（ＢＤＦ）にリサイクルする。せっけんやＢＤＦは地域で利活用する。「地域自立の資源循環リサイクル」の形で、「菜の花プロジェクト」が誕生したのである。

この愛東町モデルの「菜の花プロジェクト」に触発され、さまざまな自治体や市民団体によって同様の運動が

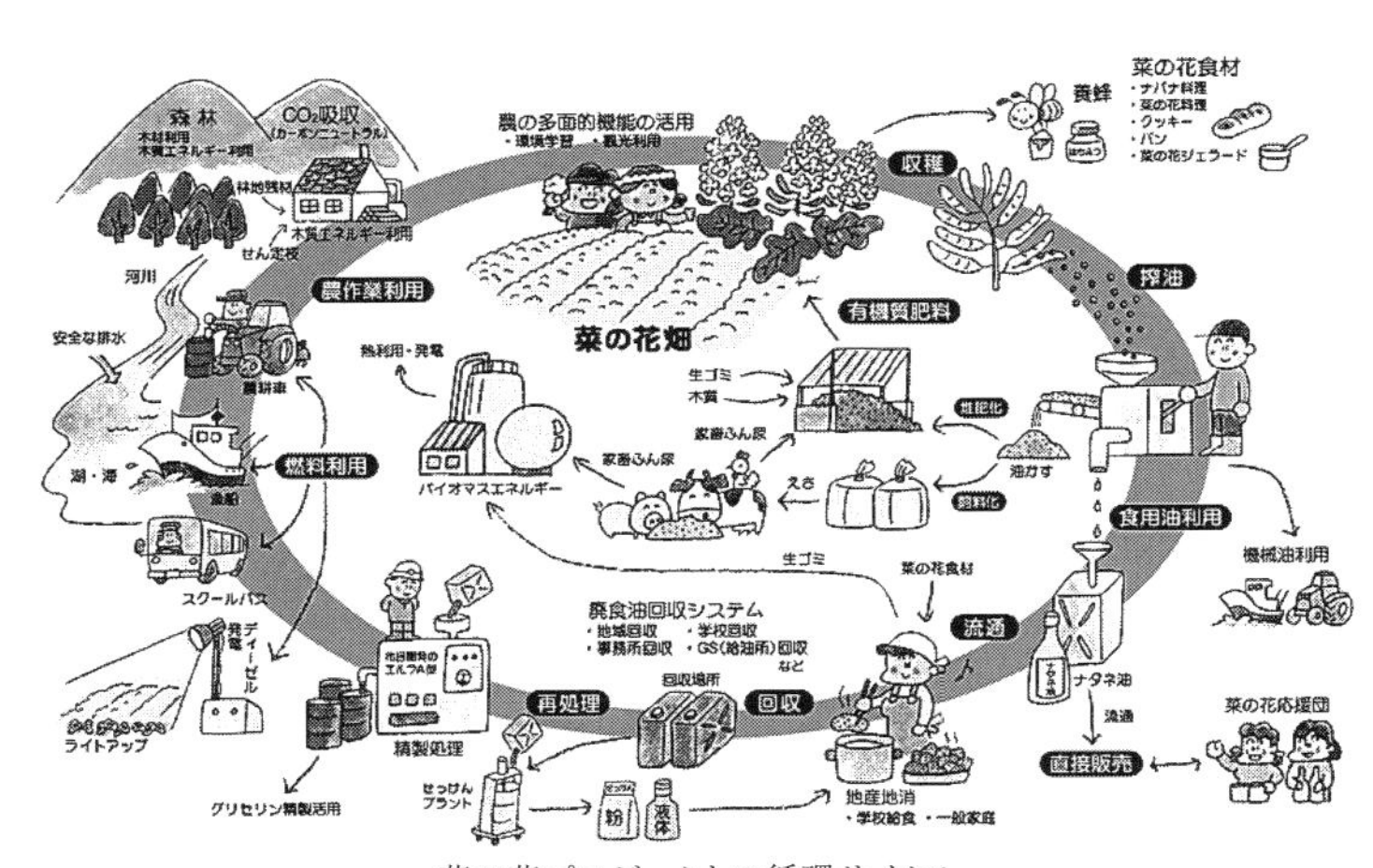

菜の花プロジェクトの循環サイクル
（提供：菜の花プロジェクトネットワーク）

はじまった。現在では休耕田で菜の花を栽培するようになった。

滋賀県で生まれた菜の花プロジェクトは、日本各地に伝えられ、それぞれの地で独自のプロジェクトとなってひろがっている。菜の花が休耕田や耕作放棄地に栽培されるようになり、資源としては小さいながら油田が生まれた。それ以上に、菜の花のもつ魅力が人びとを引き付けたのである。春咲く花には黄色い花が多いのだが、広々としたあたり一面をうめつくす、希望と幸福を感じさせてくれる菜の花の黄色と甘い香りは、まさにこの世の春である。エネルギーを作り出す菜の花畑は、観光資源として人びとを呼び、花の蜜は蜂蜜となり、密度の濃い農産物を生産してくれるのである。

平成十三年(二〇〇一)四月八日、滋賀県新旭町(現高島市新旭町)で、全国の「菜の花プロジェクト」を実践している人、関心ある人に呼びかけた「菜の花サミット」が開催され、二七府県、五〇〇人を超える人びとが集まった。サミットはその後も定期的に継続開催されることとなり、二回目は青森県横浜町、三回目は広島県大朝町(現北広島町大朝)で行なわれた。そして、昨年・平成二十九年(二〇一七)に第一七回が福島県南相馬市で開かれ、第一八回は熊本県南阿蘇で行なわれる予定となっている。

# 第五章 ガンピ 千年生きる紙の原料

## 雁皮紙は千年保つ

世界を見わたすとそれぞれの土地特有の数多くの原料から紙が漉(す)かれているが、その中でもっとも高品質で最高級の紙は和紙である。和紙とはわが国特有の技術と材料でつくられる紙のことである。和紙を漉く原料にガンピ、コウゾ、ミツマタという三種類の低木がある。わが国に自生している紙原料はガンピとコウゾで、ミツマタは中国からヒマラヤ地方が原産地である。

ガンピの紙（雁皮紙）は千年以上の年月を経ても、朽ちることもなく、虫の被害もうけないという耐久性に優れている。その雁皮紙を漉くガンピ（雁皮）という樹木は、温暖な地の雑木林のなかに生育している。低木で花もあまり見栄えしないので、この木の樹皮から上質の和紙を漉くことを知っている人か、特別に森林生態に興味をもっている人あたりがやっと見分けることができるくらい、目立たない低木である。

雑木林のなかで目立たないガンピ

ガンピはジンチョウゲ科ガンピ属とアオガンピ属の二属がわが国に生育しており、アオガンピ属は中低木となる。ガンピ属は落葉低木で、高さは一・五メートル以上になり、外皮はなめらかで茶褐色を呈し、桜の樹皮に似ている。二〇種あまりが、アジア東部と中部に分布し、そのうち七から八種が日本に自生している。

アオガンピ属のアオガンピは、南西諸島および台湾の原野に生え、高さは一メートルから三メートルとなり、密に枝をつけ、常緑ないしは半常緑である。若枝はまっすぐで、短毛を密生するが、二年目にはほぼ無毛となる。樹皮で紙を漉くが、紙の色は青色となる。

日本に自生している種は、いずれも落葉低木である。ガンピ属の種について分布地などを、主として佐竹義輔・原寛・亘理俊次・冨成忠夫編『日本の野生植物　木本Ⅱ』（平凡社　一九八九）から紹介する。

ミヤマガンピ（ヒオウともいう）の高さは一メートルほどで、紀伊半島の大台ケ原や大峰山、四国の中部から西部、九州の祖母山や大崩山系の深山（標高一三〇〇メートルまで）の岩石地に稀に産する。生育環境がよくないため、生長が遅く採皮量は少ない。和歌山県で絶滅危惧種Ⅱ類、大分県で準絶滅危惧種に指定されている。

キガンピ（キコガンピともいう）は、高さ一から二メートルの枝分かれ

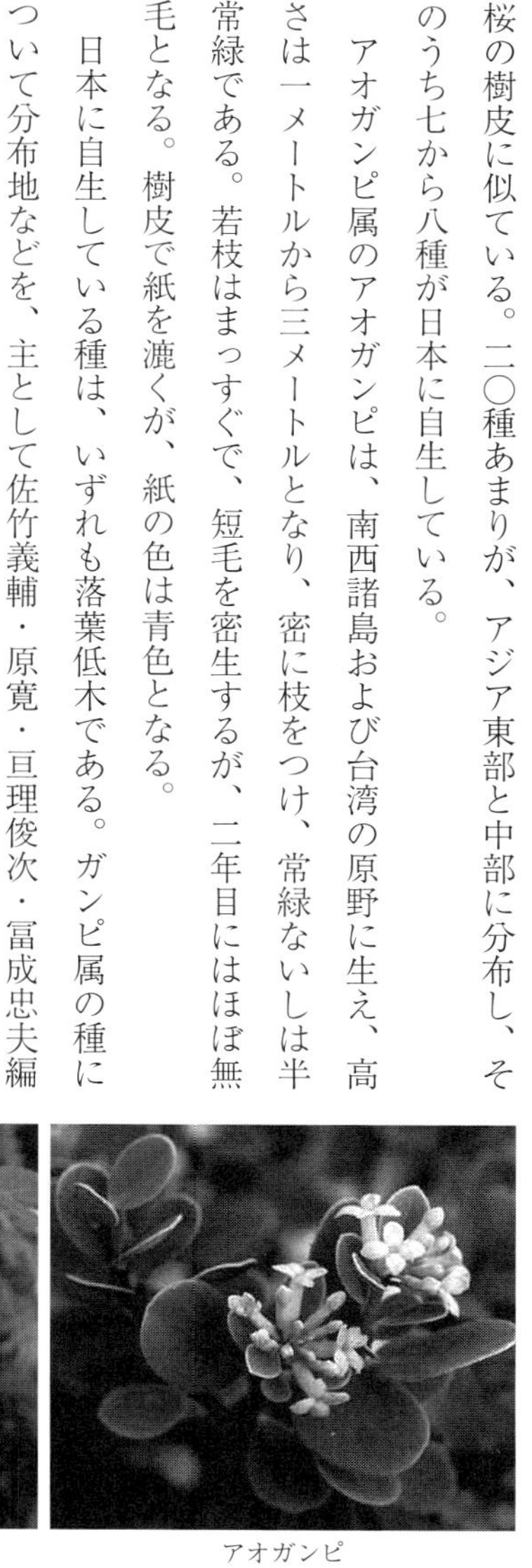

キガンピ　　アオガンピ

の多い低木である。本州では近畿地方および中国地方西部、四国、九州の大隅半島以北、朝鮮半島南部の山中のやや日当たりの良い標高一〇〇〇メートル以下の地に生育する。種子がよく発芽し、生長が早く、発芽当年に開花することもある。採皮量は比較的多いが、枝分かれが多く、繊維処理に手間がかかる。和紙原料として樹皮が採取される。愛知県と大分県で絶滅危惧種Ⅰ類、島根県と愛媛県で絶滅危惧種Ⅱ類、京都府で準絶滅危惧種に指定されている。

ガンピ（カミノキともいう）は高さ二メートルほどで、樹皮は桜の皮に似ている。本州では静岡県掛川市小笠山および石川県南部以西で、四国、九州の佐賀県黒髪山の比較的日の当たる砂質土あるいは蛇紋岩地に生育する。高級和紙である雁皮紙の原料として樹皮を採取され、ときに栽培される。石川県と佐賀県で準絶滅危惧種に指定されている。

数本に分岐するガンピの幹

コガンピは高さ一メートル足らずの落葉低木である。関東以西の暖地で、本州では群馬県赤城山および茨城県と福井県以西、四国、九州では奄美群島までの日当たりの良い山野に生育する。幹の樹皮はもろい。幹は毎年二〇センチ程度で枯れてしまい、長い糸になりにくく、太く長い白皮が採れにくいうえ、きれいにしづらいなど、作業効率が悪くなる欠点があり、良質な紙を作りにくい。千葉県と東京都で絶滅危惧種Ⅰ類、茨城県と島根県で絶滅危惧種Ⅱ類、栃木県と佐賀県で準絶滅危惧種に指定されている。

タカクマコガンピは、キガンピに似た低木で、近畿地方や九州のキガンピとコガンピがともに生育している土地に見られるので、両種の種間雑種と推定されている。

サクラガンピ（ヒメガンピともいう）は高さ二メートルほどの落葉低木である。伊豆半島各地と箱根山中の谷側などに生育している。幹は谷側に斜めに立つのが特徴である。明治時代までは高級和紙の原料として樹皮が採取されていたが、現在は生育地が減少したので採取されていない。環境省の絶滅危惧種Ⅱ類、神奈川県の絶滅危惧種Ⅱ類、静岡県の準絶滅危惧種に指定されている。

シマサクラガンピ（シマコガンピともいう）は高さ二メートルを越す落葉低木である。九州の大分県以南の東側一帯と鹿児島県甑島（こしきじま）および屋久島の標高一二〇〇メートル以下の、日当たりの良い斜面あるいは林の中に生える。斜面に生えて、幹は直立か上部がやや下垂する。高級和紙の原料として大量に採取されていたが繊維が円頭形であるため緊度が少なく、柔らかい質感の紙ができる。徳島県と高知県および熊本県で絶滅危惧種Ⅰ類、大分県と鹿児島県で準絶滅危惧種に指定されている。

オオシマガンピは鹿児島県の奄美大島および徳之島のみに産する種で、高さ一・五メートルほどの低木である。

前に触れた書は、日本に自生するガンピ属の樹木を八種類掲げている。そのうち、和紙の原料として樹皮が採取される種は、キガンピ、ガンピ、サクラガンピ、シマサクラガンピの四種類となる。本書では、和紙の原料とするガンピを取り扱っているので、この四種を格別に区別することなく、一括して「雁皮」と記していくことにする。

## 雁皮の古名と方言

大槻文彦著の『新編大言海』（冨山房 一九八二）は、ガンピは古名「カニヒ」の転訛である。「カミヒ」は「紙斐」の転訛で、カミヒからカニヒ、そしてガンピになったという。

しかし『延喜式』巻一三・図書寮によると、年料紙の条に穀皮と斐皮の二つが紙の原料とされている。穀はコウゾやカジノキのことで、この時代は両者とも混合して用いられていた。斐はガンピ（雁皮）のことである。

また『延喜式』巻二十二・民部下には諸国ごとに貢納する紙の材料が記されている。それによれば、紙麻と斐紙麻の二通りが記されている。紙麻はのちにコウゾとなる言葉であるが、ほんとうは紙素つまり紙の素、紙の原料であろう。そこからいって、「斐」とは雁皮の古名と考えても差支えないと考える。

古語の「斐」から、『新編大言海』がいう「紙斐」がどうみちびき出されるのかよくわからない。古代では紙は原料の名前で呼ばれていた。たとえば麻が原料であれば麻紙・白麻紙など、コウゾが原料であれば穀紙・加地紙など、竹の場合は竹幕紙、松の場合は松紙というように呼ばれていた。「斐」の場合は斐紙、肥紙、荒肥紙である。平安時代の初期には『延喜式』でみるように、斐の樹皮をはいだものは斐皮および斐紙麻だし、製品の紙になれば斐紙と呼ばれていたことは確かである。

ふるい言葉は方言として地方に残っていることがままあるので、八坂書房編・発行の『日本植物方言集成』（二〇〇一）から、府県別にガンピの方言を引用させていただく。

栃木県　おぜんばな
滋賀県　かみまき
京都府　がび（丹波地方）
兵庫県　がび（但馬地方）
島根県　かべ
和歌山県　かみそ
香川県　やまかご、しはなわのき、ひよ、ひぉ、ひよのき
愛媛県　ひお

『越前紙漉図説』（明治5年）に載るガンピ
（国立国会図書館）

高知県　ひお、ひの、ひのお
福岡県　かみのき
製紙原料のガンピの方言として、滋賀県と福岡県の「かみのき」は「紙の木」でそのものずばりでわかりやすい。和歌山県の「かみそ」は「紙素」あるいは「紙麻」であり、『延喜式』のことばを伝えている。香川・愛媛・高知県という四国地方の「ひお」は「斐麻」のことで、これも『延喜式』のことばを伝えている。

## 雁皮の語源カニヒからガンピへ

上原敬二は『樹木大図説　三』（有明書房　一九六一）のなかで、樹木の別名をあげている。それによればガンピ属ガンピは、カミノキ、ヤマカゴ、カブ、カニヒの四種をあげている。また牧野富太郎は『牧野新日本植物図鑑』（北隆館　一九六一）のなかでガンピの日本名を、「古い名であるカニヒの転訛したものである」と記している。新村出編『広辞苑　第四版』（岩波書店　一九九一）は、「かにひ」の項で「雁皮の古語というが不詳」と、疑問符をつけている。

大槻文彦、上原敬二、牧野富太郎の三者はガンピの古名を「カニヒ」だとしている。筆者は調査不十分のため、文献を見つけられないのだろう。この三者の説をもとに、考えてみる。まず最後尾の「ヒ」

は前に『延喜式』でみたようにガンピを示す「斐」でまちがいない。頭の「カニ」は紙と神を同一視し「カン」とよび、書き記すとき「ン」が「ニ」に記されたのである。『広辞苑　第四版』は、「カン」を「神」としている。「神」を「カン」とよむ事例に「神無月(かんなづき)」や「神嘗祭(かんなめさい)」・「神主(かんぬし)」などがある。

「ン」が「ニ」と記された文書に、中国名の蘭(らん)が「らに」と記された例がある。中国でいう蘭は、わが国ではキク科の多年草「ふじばかま」のことをいい、フジバカマの茎や葉は刈り取って生乾きのとき、クマリンの良い香りがする。フジバカマは古い時代には蘭(らん)、蘭草(らんそう)、「らに」と書かれた。現在、蘭(らん)といっているものはラン科の植物で、花に芳香のある寒蘭、春蘭などの植物のことである。古代の蘭とは異なるので、区別するためラン科のものは蘭花といい、フジバカマを蘭草としている。

平安時代の一条天皇の御代に成った『拾遺和歌集』巻第七・歌番三六六の詞書に「らに」が見える。時代は新しくなり江戸時代の元禄七年（一六九四）に貝原益軒が出版した『花譜』巻之下・七月・蘭(らん)には、「もろこしの古書に、蘭(らん)といへるは、ふじばかまの事也。古歌にらにとよめるはふじばかまなり」と記している。『広辞苑　第四版』も「蘭(らん)」を「フジバカマの古称」とし「らに」とも書くとしている。つまり古い時代には「らん（蘭）」は「らに」と記され、「ン」が「ニ」とも記されていたのである。

さて紙と神のことであるが、古い時代には白い紙は神聖・清浄なものとされ、神域や神祭場に注連縄(しめなわ)に紙垂(しで)を垂らして、神の領域・聖域であることを象徴した。また玉串は榊(さかき)に紙垂をつけることによって、紙垂を神が依代とされる。ここで紙は神と一体になる。榊だけでは神の依代とはならない。

以上のことをまとめると、カニヒの「ニ」は「ン」であるから、ニをンにかえると「カンヒ」となり、漢字で表記すると紙斐となる。カンヒがいつのころからか濁り、ガンピとなった。これがガンピの語源の有岡説である。

ガンピが漢字表記で「鴈皮」と記された文書がはじめてみえるのは、室町時代の終わり元亀・天正（一五七〇〜九二）のころの連歌師宗匠の宗長の日記『宗長手記　下』の大永二年（一五二二）八月十九日の条の豊雅樂頭統秋一回忌の記事のなかに、「御約束之鴈皮之紙上給候」とあり、約束していた雁皮の紙を頂いた、と記されている。雁皮の「鴈」の字は古い字で記されている。鴈斐ではなく鴈皮とされているのは、斐の字は音よみでヒ、訓よみではアヤなので、樹皮を利用するガンピには相応しくないので皮とした。

ガンの音は渡り鳥の「ガン（鴈）」連想させる。鴈とは十月ごろ北方から飛んできて、冬を日本ですごし翌年の三月ごろに北へと帰っていくカモ科の渡り鳥の「雁」のことである。雁が北から来るときあるいは北へと去る時期が、ちょうど春秋の彼岸ごろに当たるため、あの世から霊魂をはこんでくる霊鳥ともいわれていた。その去来に隊列を組んで飛行する姿を、雁の棹、雁の列、雁行、雁陣などと形容し、秋に来る雁を初雁とか雁渡しといい、越冬して春に北へと帰る雁を帰雁、帰る雁、雁行く、雁の別れといい、死んだ雁を供養する雁供養という俳句の季語さえある。鴈（雁）はそれほどわが国の人びとに親しまれていたのである。ガンピということばから、鳥の雁（がん）をガンピの「ガン」にあてた人は、誰であったのか奥ゆかしいかぎりである。

## 雁皮の生育地

分布は、日本海側では石川県以西、太平洋側では静岡県以西の近畿・中国地方、四国、九州の暖地である。枝はよく分岐し、新枝には白色の毛がある。葉は互生し、全縁で広卵形または卵状披針形をなし、両面に白色の毛があるが、ことに裏面では密生している。葉柄はきわめて短い。

雁皮の自生地は主に尾根の頂部から尾根型斜面の水分環境に恵まれない、肥料分が少なくやせて乾燥した土壌がある場所に多くみられる。このような環境下を好んで生育しているので、生長はよくない。土壌条件の比較的良好なところで、陽光がよく当たる条件下では生長は旺盛である。

花崗岩のやせ山に生育しているガンピ。石の周りの低木はすべてガンピである（滋賀県大津市一丈野国有林）

雁皮はいわゆる雑木林の下層木として生えている。林業的には薪炭の用材にもならないので、あまり有用な樹木とはいえないが、和紙の原料としてはピカイチの材料として評価されている低木である。

私は滋賀県の湖南にあって、遠い昔、大和国の藤原京造営用材を伐り出した、いわゆる田上山(たながみやま)の一画を占めている、滋賀森林管理署が管理している近江湖南アルプス自然休養林の一丈野(いちじょうの)国有林の、花崗岩の深層風化物で形成され、腐植質がほとんどないやせた土壌にたくさんの雁皮が生えているのを見た。

いきさつはこうである。小学六年生の孫娘を岩山登りに誘ったところOKで、彼女の同級生の女の子と三人ででかけることにした。孫娘の友達は、山歩きなのできちんと長ズボンをはいていた。孫娘はというと半ズボンだったので、長ズボンにはき替えるように言ったのだが、ぐずぐずしてはき替えず結局半ズボンのまま、山を歩くことになった。

自然休養林入口の駐車場に車を止め、オランダ人デレーケ氏が設計した石造の堰堤(えんてい)(治山用の小型ダム)を過ぎ、その奥に設けられた野営場までは広い自動車道だったので楽々と歩けた。天狗岩を目指して遊歩道天狗岩線の谷川道をたどった。いくつかの谷止め堰堤を越え、谷が合流しているところで昼食にした。

そこは幾分傾斜が緩くなって谷川の幅も広がっており、狭い谷川ながら中洲ができていた。谷底は花崗岩の風化物の白砂で、透き通った綺麗な水が浅い流れをつくっていた。わずかな中洲には、ひねこびた松に、ソヨゴと躑躅(つつじ)と雁皮が見られた。

雁皮は根元の太さは大人の人差し指くらい、高さは私の背丈くらいあった。それともう一本、箸くらいの太さのものがあった。なんだこんなところに雁皮が生えていると思って、座っている場所から辺りを見回すと、あちらに一本、こちらに一本と、大きくはないが雁皮が生育しているものを見つけることができた。

昼食を済ませて歩き出したが、一度見た雁皮が目について、谷から尾根へと登る遊歩道の傍らには必ずといっていいほど見かけることができた。尾根筋に登って、からからに乾燥したマサ土の遊歩道沿いの茂みにも、高さ三〇センチばかりの小さな雁皮がとぎれることなく見られた。全体的に高さは低く、乾燥したマサ土のやせ山なので、どれも良好な生育はしていなかった。

この山にはウラジロシダがたくさん生えており、狭い登山道の両側から葉っぱが道に突き出していた。半ズボンの孫娘はむきだしの脛（すね）がウラジロシダの葉っぱにこすれて痛いと言いだした。いまさらここで怒ってもしかたがない。幸い汗拭き用にタオルを二枚もっていたので、それを脛に巻いてやった。タオルが落ちないようにと、近くにあったやや大きめの雁皮を切りとり、皮を剥いてそれで縛ってやったのである。体裁のよい姿ではないが、孫娘は痛みより我慢できると見えて、山を下り麓の車道に到達するまで、脚絆（きゃはん）がわりのタオル巻きの足で歩いたのだった。何かの思い出にはなったのであろう。

（上・右）ガンピの花と葉
（下）サクラに似たガンピの樹皮

雑木林のなかで生い茂るガンピ

## 雁皮紙

雁皮は和紙の原料として用いられ、この樹皮の繊維で漉かれる紙が雁皮紙である。わが国で和紙の材料として雁皮が用いられたのは奈良時代で、これから漉いた紙の紙肌が平滑で斐紙と呼ばれ、写経用紙などに用いられた。

そして平安時代になると主に料紙として愛用され、たくさん用いられた。室町時代には漉いた紙の色が、鳥の子つまり卵色しているところから、鳥の子紙という名前が用いられるようになった。薄手のものを薄様といい、厚手のものは厚様といわれる。厚手の一種で雁皮に泥を混ぜたものを間合という。

この紙は上代の斐紙と同質のもので、雁皮を材料として漉かれたもので、半透明で粘着性に富み、絹のような優美さと独特の好ましい光沢をもっている。そして温度や湿度の変化にも強く、保存性もあり、その風格から紙の王と評されることもある。

繊維は細く短いので緻密で緊密な紙となり、紙肌はなめらかであり、丈夫で虫の害にも強いので、古来から貴重な文書や金札に用いられた。

平安時代には朝廷で用いる紙を製造するため、図書寮に紙屋院という付属機関が設けられていた。その原料とするため、斐皮（雁皮の樹皮）と穀皮（楮の樹皮）が貢納されていた。穀皮はまた紙麻とも書かれ、のちにコウゾ（楮）と呼ばれる元のことばで、コウゾとカジノキをあわせたものであった。

斐紙麻（ひかみそ）が貢納された国々は、次のとおりである。

丹波国（現京都府と兵庫県）　斐紙麻一〇〇斤
備後国（現広島県東部）　斐紙麻二〇〇斤
周防国（現山口県東部）　斐紙麻二〇〇斤
阿波国（現徳島県）　斐紙麻一〇〇斤
讃岐国（現香川県）　斐紙麻一〇〇斤
伊予国（現愛媛県）　斐紙麻一〇〇斤
大宰府（現九州一円）　斐紙麻二〇〇斤

このように雁皮の樹皮を貢納する国々は、西日本の諸国である。大宰府は九州一円を管轄していたので一括して数量はあげられているが、納めた国は筑前国（現福岡県）、築後国（現福岡県）、肥前国（現佐賀県と長崎県）、豊後国（現福岡県と大分県）という北部九州の四か国で、国別の量は不詳である。

文書類の料紙としては『正倉院文書』の一部に斐紙の使用例が報告されているが、そのほとんどが楮（こうぞ）と雁皮の混ぜ漉きといわれている。古代・中世の文書の料紙はすべて楮紙といってよく、純粋の斐紙が文書の料紙に使われるのは南北朝時代になってからであると、『国史大事典　一一』（国史大事典編集委員会編　吉川弘文館　一九九〇）にある。

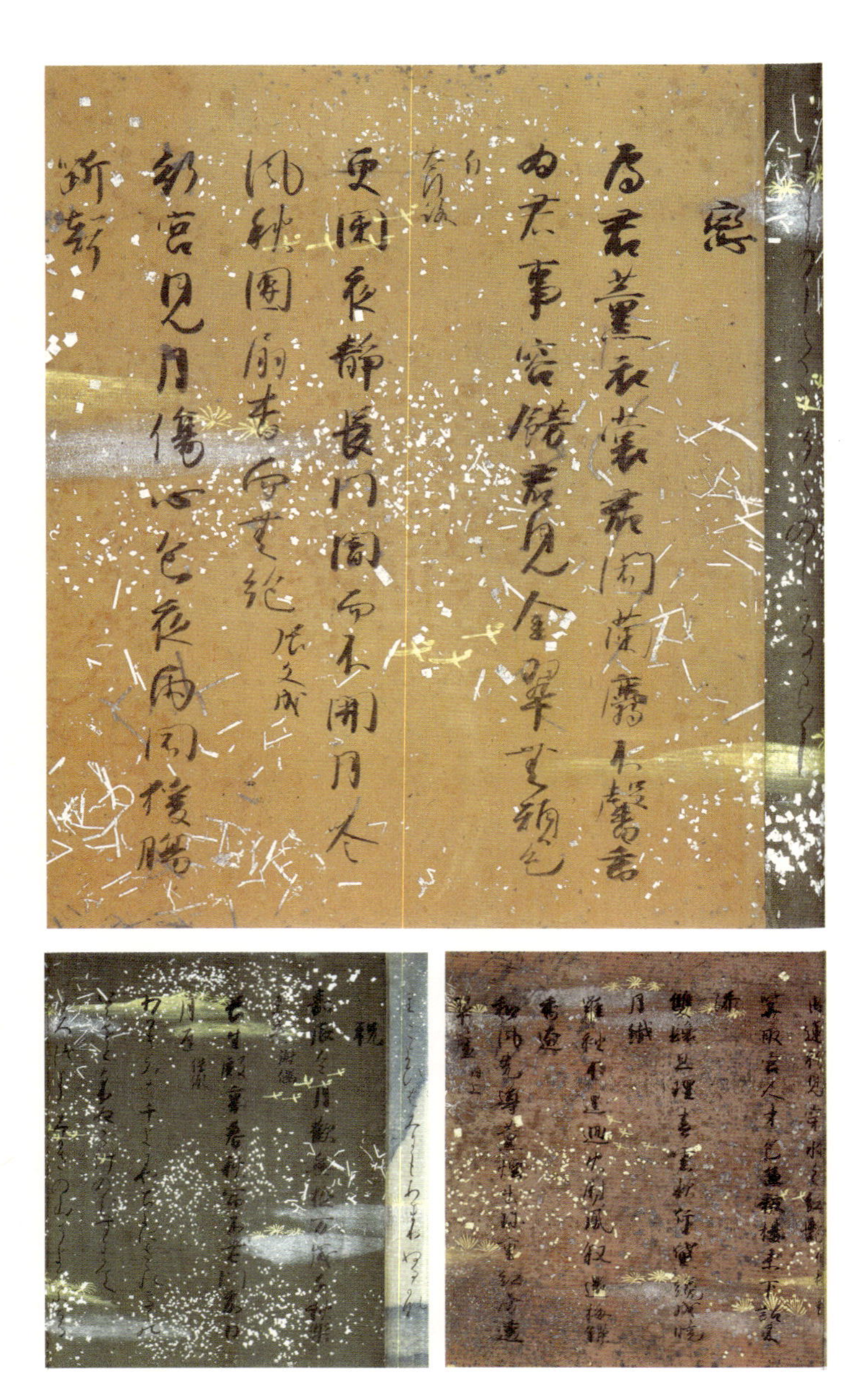

雁皮を材料とする斐紙に装飾を施した平安時代の巻子
（伝・源俊頼『安宅切本和漢朗詠集』　宮内庁三の丸尚蔵館）

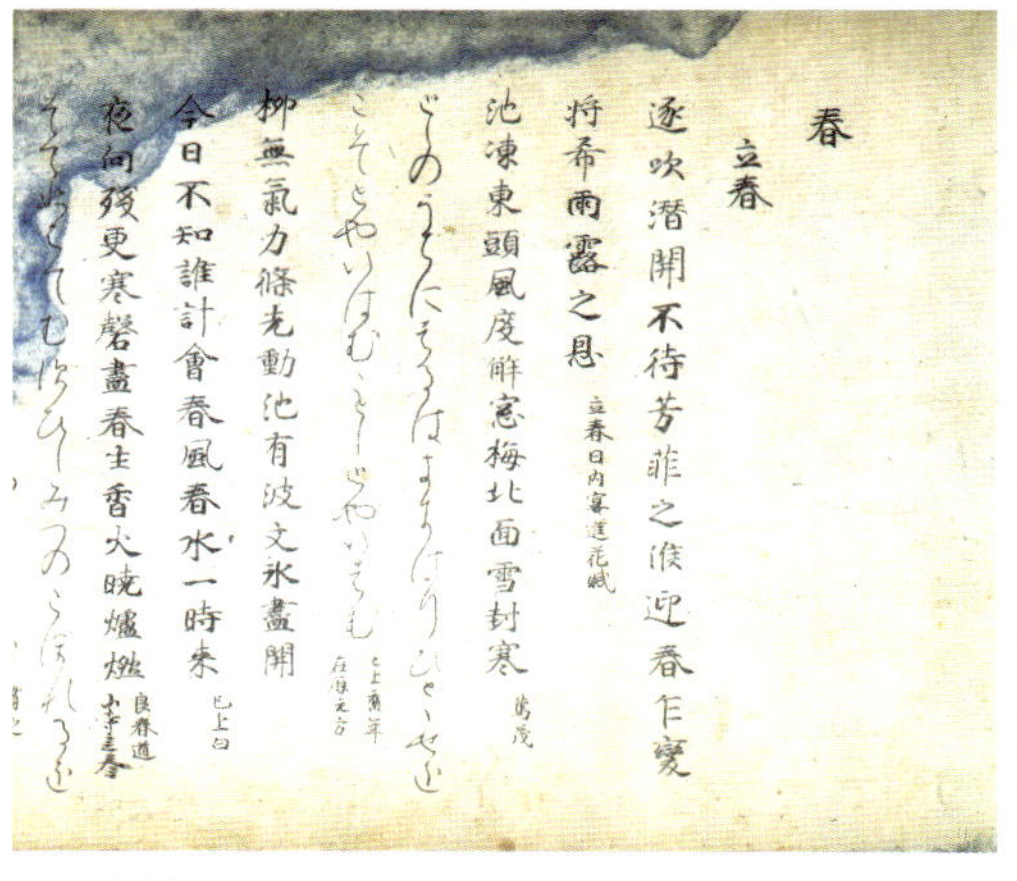

雲形の模様を漉きだした斐紙（雲紙）を用いた平安時代の巻子
（伝・藤原行成『雲紙本和漢朗詠集』　宮内庁三の丸尚蔵館）

南北朝時代には小切紙（こきりがみ）の軍勢催促状や感状があらわれるが、斐紙が料紙として多く用いられている。薄くて強靱なことが隠密に遠くへ運ぶのに適したからであろう。室町時代の応仁・文明年間（一四九七～八七）になると、禁制（きんせい）（ある行為をさしとめる法規・法度）に斐紙が使われるようになる。

斐紙が文書の料紙として本格的に用いられるようになるのは、戦国時代になってからで、戦国武将の切紙の書状類の紙のほとんどが斐紙であり、近世になるとさらにその用途が広くなる。その代表として領知判物・朱印状に添えられる領知目録がある。これには大きくて厚く、良質の間合（まにあい）が用いられている。なお切紙とは、鳥の子紙などを横に二つに折り、折り目どおり横に二つに切り離したものである。半切（はんきり）ともいう。

雁皮の繊維で漉かれた紙に雁皮紙という名前が付けられたのは江戸時代で、このころは藩札、箔打紙（はくうちし）、薬袋紙（やくたいし）、腰張紙などに用いられた。箔打紙の箔は金銀などを叩いて紙のように薄くしたものであるが、叩く時金銀を直接叩かずに紙をはさみ、紙を叩くのであるが、そのときに金銀を間にはさむ紙のことである。

明治初期には雁皮紙の複写用紙がさかんに外国に輸出され、非常に好評を博した。また国債証券や地方債証券の用紙などに用いられた。

明治中期以降になると謄写（とうしゃ）版の普及により、謄写版原紙用紙として雁皮紙が多く利用されるようになった。謄写版とは、孔版印刷の一種で、蠟引きの原紙を鑢板(やすりいた)にあてがい、これに鉄筆で文字や絵を書いて蠟を落とし、その部分から印刷インクをにじみださせて印刷する方法である。雁皮紙は、謄写版原紙用紙として大量に使用された。また京都の西陣の金銀糸の地紙や扇子地、箔打紙、表具用紙、書道紙、色紙、短冊などに広く用いられてきた。

現在では、謄写版印刷は複写機の普及によって急激にすたれ、したがってその原紙用紙としての用途もほとんどなくなった。雁皮紙の需要は少なくなっているが、透かして図などをトレースする用紙をはじめ、箔打紙など薄手の紙の原料として独特の地位を保っている。また製本装丁用、襖(ふすま)・壁表装用、版画用紙、金銀糸の地紙、写真台紙、書画の表具用などに優れた特性を生かして使われている。

また破損した古文書の修復、図書の修理などに用いられ、文化財の修復には欠くことのできない用紙となっている。

## 紙原料の雁皮

和紙を漉く原料の樹皮の採取は、樹木の生育期間である春、夏から秋にかけて行なう。生木の皮を剝ぐのである。この点は、冬季に桶で蒸してから皮を剝ぐ三椏(みつまた)や楮(こうぞ)とは異なっている。これは生育期間のほうが剝皮(はくひ)しやすいことと、品質面でも冬に剝いだものとなんら差異が認められないためである。

茎の刈り取りは、隔年か、三から四年目で、刈り取る時の茎の大きさは径一センチ以上のものである。地上から三センチ当たりのところで切断し、小枝を除き、皮のとれる部分だけを乾かないように薦包みにして持ち帰る。剝皮するまでは、日光や風に当てないことが大切である。乾燥すると、剝皮が困難となり、靭皮繊維が木質部に付着してしまい、紙に漉くいい部分がうまく剝ぎとれなくなるので注意しなければならない。山地では刈りとった茎を乾燥させないための措置をするのは面倒なので、その場で皮を剝ぎ、樹皮のみを持って帰るのが得策である。

剝いだ生皮は、はじめは竿にかけて日干するが、これを黒雁皮、一名黒皮という。剝いだ皮を直に清流に浸し、約一昼夜そのままにしておく。引き上げると水切りし、表皮や緑皮をこき落とし、淡い白色の繊維をとったものを竿にかけて日干する。これが晒雁皮である。

黒雁皮は生皮から重量で一五％、晒雁皮は重量で八％くらいとれる。野生木では、切株から二本ないしは数本の新しい茎が発生する。これが再び利用されることになる。

雁皮の生産量は、日本林業技術協会編・発行の『林業技術者のための特用樹の知識』（一九八三）は農林水産省農産園芸局畑作振興課の和紙原料に関する資料から、昭和五十五年度（一九八〇）の雁皮消費量は八八トンで、このうち国内生産量はわずか八トン程度にすぎず、消費量の九割は輸入に依存しているという。国内の主な採取生産地は滋賀県、奈良県、石川県、高知県であるとしている。

近年では、日本特用林産振興会のホームページ「和紙—文化財を維持する特用林産物 三」によると、雁皮の生産量は、平成十四年（二〇〇二）は一・四トン、同十五年は二・二六トン、同十六年は〇・九六トンであった。

雁皮は生長が遅いため、一部畦畔栽培が行われている以外は、基本的には野生のものを採取するのが通常である。したがって安定的な確保が難しいうえに、採取者が高齢者の場合が多く、価格も不安定になる傾向が強い。

懸念されるのは、雁皮類の多くが、府県によって絶滅危惧種等の指定を受けていることである。雁皮は日当たりがよく、やせた土地を好むものの、栽培が非常に難しいとされてきた。しかし、将来的には自然採取だけでは需要量をまかないきれないばかりでなく、自然木からの採取そのものが難しくなる可能性も出てきている。

雁皮で漉かれる紙（雁皮紙）の代表的なものを掲げると次のようになる。

鳥の子紙・斐紙　福井県越前市・同県小浜市和多田
加賀雁皮紙　石川県能美郡川北町
近江鳥の子紙　滋賀県大津市上田上桐生
箔下間似合紙・金下地紙　兵庫県西宮市名塩

出雲雁皮紙（出雲民芸紙）　島根県松江市八雲町
薄様雁皮紙　高知県吾川郡いの町
雁皮紙（小川和紙）　埼玉県比企郡小川町
（斐伊川和紙）　島根県雲南市三刀屋町
（八女和紙）　福岡県八女市

現在、雁皮紙は細ぼそであるが、福井・石川・滋賀・兵庫・島根・高知・埼玉・福岡県という八県で漉かれているのである。

## 福井県五箇村の鳥の子紙

福井県越前市はわが国の和紙生産量のほぼ四分の一を占めている、一大和紙生産地である。和紙を漉いているところは、旧今立郡今立町のなかでも五箇地区と呼ばれる不老（おいず）、大滝、岩本、新在家、定友（さだとも）という五つの集落である。約一五〇〇年前、継体天皇がまだ越（こし）の国にいたころ、大滝を流れる岡本川の上流に美しい姫が現れ、紙漉きを教えてくれたという紙の始祖伝説をもっている。

正倉院に保管されている越前の国にかかわる税の台帳などを調べた斉藤岩雄は、天平二年（七三〇）、同四年、同十三年のものは雁皮で漉いた紙が用いられていると『今立町史』で述べている。旧今立町の

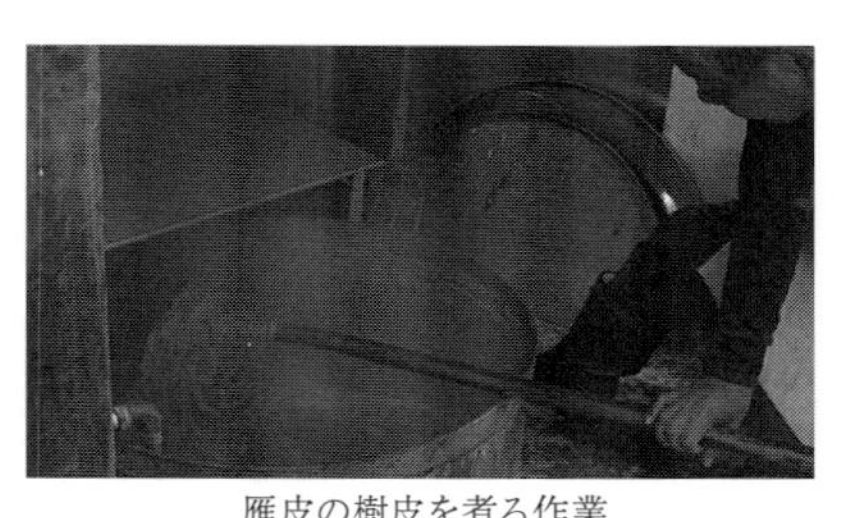

雁皮の樹皮を煮る作業

五箇村での紙漉きは、はじめは雁皮が用いられていたが、後には楮の方が多くなっていく。

雁皮で漉かれた紙は平安時代初期には斐紙と呼ばれ、『延喜式』では中男作物として貢納していた。斐紙はいつのころからかは不詳だが、鳥の子紙と呼ばれるようになった。雁皮が原料の鳥の子紙は紙の王者と呼ばれ、室町時代には勅撰和歌集の用紙、あるいは写経紙として用いられ、贈答品として一番よろこばれた。

江戸時代の寛文元年（一六六一）、越前五箇村では全国で最初となる福井藩の藩札を漉いている。福井藩の藩札は、約三割の雁皮と約七割の楮を原料として漉かれ、五年に一度漉替えがされた。越前和紙は、元禄期に最高の発展をみせていた。

江戸時代は鎖国政策をとっていたが、オランダと中国とは貿易を行なっていた。越前五箇村で漉かれていた雁皮が材料の鳥の子紙がオランダに渡り、光の画家と呼ばれるレンブラントが、版画用紙として使っていたことが判明したと、平成二十七年（二〇一五）五月二十七日、産経ニュースが報道した。

レンブラントは、ルーベンス、ベラスケスと並ぶ十七世紀の代

越前和紙の紙漉き

表的な画家である。ライデンに生まれアムステルダムに移り、肖像画家として名声を博した。ことにその光線の使い方は独特の効果をもつと評価されており、代表作品に《テュルプ博士の解剖学講義》《夜警》《自画像》などの油彩画がのこされている。

産経ニュースは、福井県の西川誠一知事が平成二十六年にオランダを訪問し、レンブラントハウス美術館で現地調査を行ない、採取した一三作品すべてに和紙が用いられており、その和紙は越前で漉かれた雁皮原料の鳥の子紙であったと述べていることも、併せて報道している。

そして福井県は、東京にある国立西洋美術館が所蔵しているレンブラントの銅版画《病人たちを癒すキリスト》を研究者や専門家たちと調べた結果、用紙は雁皮から漉かれた紙であることを確認している。

雁皮紙に刷られた国立西洋美術館所蔵のレンブラントの銅版画《病人たちを癒すキリスト》

# 第六章　ミツマタ

## 一万円札を生み出す樹皮

和紙は柔らかく、うすくても強靱で、千年以上もの寿命をもっているので保存性が高く、そのうえ独特の風合いがあり、世界的にもすぐれた紙として知られ、世界中の文化財の修復にも使われている。和紙の原料としては、三椏(みつまた)、楮(こうぞ)、雁皮(がんぴ)という三種類の低木の樹皮繊維が使われる。三椏の繊維で漉(す)いた和紙は、金箔・銀箔の箔合紙、絶縁紙、図引紙、証券用紙などとともに日本銀行券の一万円札の用紙として用いられている。そんな樹皮の実用面だけでなく、近年は樹木の枝の先端部に咲く花が趣に富んだ春の花として注目されている。

枝はつねに三つに分岐するという特異な枝の出かたをするが、木全体はまるい樹形をつくる。枝が三つに分かれて出ることから、ミツマタ(三椏)との名前がつけられた。漢字の「椏」の字はアともマタとも読み、意味は「木の股」である。木の股がつねに三つずつできるので、椏の字の前に三をつけて「三椏」と表記する。

球状となるミツマタの樹形

## 半球状のミツマタの花

三月から四月中旬にかけて、新葉がまだ出ない裸木の姿で、三つずつに分岐した沢山の枝先に花だけをひらく姿は、冬の終わりを喜んでいる様子だとうかがえる。花が葉っぱにかくれないので、木全体が黄色に色づいたようで美しい。黄色の小さな花がまとまって半球状になった美しい花が下を向いて咲き、キンモクセイに似たあまい芳香を放つ。うつむくように控えめに咲く花の姿と芳香が、切り花として人気があり、大写しの花はインターネット上にもしばしば投稿されるので、最近ではよく見かけるようになった。

アカバナミツマタの花

花びらに見える部分は筒状の萼（がく）で、実際は花びらをもっていない。花の外側は白の綿毛で、内側は黄色となっている。内側が赤くなっているアカバナミツマタ（赤花三椏。紅花三椏ともいわれる）という園芸品種もある。アカバナミツマタは四国のミツマタ栽培地で偶然みつかった。

木の背丈はあまり高くないうえ樹形のまとまりがよく、春の色である黄色い美しい花とともに芳香を放つので、近年は庭木や鉢植え、盆栽などとして栽培する人が増えてきた。

ミツマタ（上・下）とアカバナミツマタ（中央）の花

ミツマタの樹海（三重県亀山市）

鎌倉・瑞泉寺境内のミツマタ

木々のこずえに新緑がほとんどない三月下旬から四月に山を訪れると、山によってはかつての栽培地であったなごりで、ミツマタの花が咲き誇っているところがあり、その美しさと芳香にうっとりとし、その山の楽しさを人に教えたくなる。例えばインターネットのホームページには、竜頭山と三椏桃源郷、三椏の花山里に春を告げる、三椏の花がいっぱいのミツバ岳など、人を惹きつける言葉が並んでいる。「三椏の花」は春の季語であり、注目されて俳句や短歌にも詠まれている。

三椏の花三三が九三三が九　稲畑汀子
三椏の花頷けり黄を溜めて　藤田章子
三椏の花や日当たる水の中　北吉裕子
三椏が皆首垂れて花盛り　前田普羅

広島県安芸高田市虫居谷のミツマタ群生地。もとは和紙の原料として植栽されたが栽培されなくなり、自然に増えたもの。

黄の色をかすかに兆す三椏の露地に入りくる日差し明るむ　上田国博

ミツマタの蕾の固さ眺むれば春待つ里はまた楽しけれ　風花萌野

夕の陽の三椏の花咲きけぶる甦りくるいのちの明かり　成瀬　有

ミツマタはジンチョウゲ科ミツマタ属の落葉低木で、実生（みしょう）のはじめの年は一本の茎（幹）だけがふつうであるが、翌年はその頂点から三本の枝を出し、その翌年は前年の枝の頂点から三本の枝が分かれ、さらに翌年も枝の頂点から三本の枝を出すというように生長していく。

原産地は、中国南部からヒマラヤにかけての地域で、わが国に渡来した年代は不詳であるが、室町時代には来ていたといわれる。

文献に初めて見られるのは、慶長三年（一五九八）徳川家康から伊豆国修善寺村（現静岡県伊豆市）の村人あてに壺形の黒印を押した命令書（静岡県発行『静岡県史　資料編一一　近世三』）に「於豆州鳥子草がんひみつまた何方に候共」とあるものが最初である。しかし、甲斐国西嶋村（現山梨県身延町）の記録では、室町時代末期の永禄十三年（一五七〇）に西嶋村の望月清兵衛が伊豆国立野村（現静岡県伊豆市）に三椏紙の製法を習いにいっているので、伊豆国ではそのころすでにミツマタが紙の原料用として栽培されていたことがわかる。

また武田総七郎著『実用　特用作物　下巻』（明文堂　一九三二）によれば、江戸期の享保（一七一六～

ミツマタの蕾（上）と三つに分かれた枝（下）

ミツマタで作った和紙

19世紀のイギリスで描かれたミツマタの図
（エドワーズ『ボタニカル・レジスター』1847年、ミズーリ植物園）

三六）のころ、ミツマタの花が美しいため、富士山麓の野生種を掘り取って、自宅に持ち帰ったひとがいる。甲斐国富士川流域の栄村（現山梨県南部町）の吉右衛門である。吉右衛門はふだんから狩猟を好んでおり、富士山の裾野で獲物を求めて歩いていたところ、ミツマタの花をみつけた。花が美しいうえに香気があるのを喜んで、掘り取って帰り、栽培して花を観賞したと伝えられている。

江戸中期に描かれた結香（三椏）（小野蘭山・島田充房『花彙』宝暦9-13〔1759-63〕年）

## ミツマタ製紙幣のはじまり

ミツマタの樹皮の靭皮繊維は白色をしており、強靭で、光沢にとんでいる。紙に漉くと非常に滑らかで、吸水性にすぐれ、ゆたかな光沢のある仕上がりとなる。三椏紙は、しわになりにくく、虫がつきにくい、透かしを入れやすいという特徴をもっている。

現在国立印刷局で製造されている一万円札の原料は、三椏繊維を主原料として、アバカパルプ（マニラ麻の葉脈繊維）などが補助原料とされている。偽造防止のため、原料の比率や配合などは極秘で公表されていない。

江戸時代に三椏皮を原料として三椏紙を漉いていたところは、伊豆国の修善寺紙、立野紙、熱海紙であり、甲斐国の西嶋紙、駿河国の興津川流域や富士山裾野の駿河紙であり、この三つの国の範囲で、ミツマタは栽培されていた。

明治維新によって徳川氏の江戸幕府が瓦解し、新しい明治政府ができあがったが、まず日本という国全体で通用する貨幣をつくることが必要であった。それというのも、金銀の貨幣は六十余州のどこでも使えたが、新政府は金銀の現物を持ち合わせていなかった。それで紙で通貨となる紙幣をつくることとなった。

江戸期にはそれぞれの藩が、藩内だけで通用する紙の通貨として藩札を発行していた。

藩札にはどんな材料が使われていたのか、増田勝彦・大川昭典・稲葉政満は日本銀行貨幣博物館所蔵の藩札四二点の紙質を調べ、「藩札料紙について」として東京文化財研究所発行『保存科学　No.三七』（一九九八）に報告している。その資料から紙原料と藩札の種類をとりまとめて掲げる。

楮　和歌山藩銭五貫文札、和歌山藩銀一匁札、津藩大和古市飛地銀三分札、津藩大和古市飛地銀一匁札、長府藩銭五〇〇文札・米五升預、大洲藩銀三匁札、熊本藩銭一〇〇文目札（計五藩・七種類）

三椏　なし

雁皮　柳生藩銀一匁札、柳生藩銀三匁札、尼崎藩銀一〇匁札、小浜藩若狭代銀一匁札米二升也、小田原藩美作国飛地銀一匁札、秋田藩金一朱札、秋田藩金二朱札、山崎藩銀一匁札、亀山藩銀一〇匁札、下館藩河内国飛地銭一〇〇文札、岡藩豊後銀一匁札（計九藩・一三種類）

原料別の藩札の種類は、楮七種類、三椏ゼロ、雁皮一三種類となり、三椏紙の藩札はなぜかまったくつくられていなかった。おそらく、江戸期にはミツマタの栽培が、伊豆・甲斐・駿河という三カ国に限定され、その他の諸国にほとんど及んでいなかったためと考えられる。

明治政府は紙幣発行にあたって、わが国ではじめて藩札用紙を漉きあげた越前国五箇村（現福井県越前市）に、慶応四年（一八六八）新紙幣の太政官札用紙の漉きたてを依頼した。五箇村では原料として楮と雁皮を使い伝統的な手漉きで、紙を漉きあげた。印刷は京都五条坂の増田屋で銅版刷をした。五箇村の伝統的手漉きは真似しやすかったとみえ、発行されてまもなく偽札が横行し、明治三年（一八七〇）には太政官札の漉きたてを中止することとなった。

そこで明治政府は新紙幣の印刷製造を、緻密な印刷技術をもつドイツの民間会社に発注した。ドイツ製紙幣は緻密な印刷で画期的であったが、紙質が悪く、破れやすいので、紙幣の消耗が激しかった。

和紙の良さが見直され、大蔵省紙幣寮（現国立印刷局の前身）は東京の王子に紙幣用の紙を漉く製紙工場を建設した。偽札防止のため、海外の技術では真似のできないわが国独自の紙幣用紙の開発にとりかかった。明治八年（一八七五）、太政官札の紙を漉いた福井県五箇村から男女七名を招き、技術指導をはじめた。

明治十年（一八七七）、五箇村の和紙職人の山田藤右衛門が三椏の白皮を苛性ソーダで煮熟して漉くという新しい方法を用いて、紙幣用紙をつくりだすことに成功した。この紙は丈夫で印刷に適しており、滑らかな光沢があり、卵の黄身のような色をした紙であった。この紙は局紙と呼ばれる。明治十年に海外に輸出され、日本の羊皮紙あるいは植物性羊皮紙と呼ばれ世界的に有名となった。明治十五年（一八八〇）局紙で白透かし入りの五円券が、同十八年（一八八三）には黒透かし入り紙幣が発行された。

こうしてわが国では紙幣原料として、栽培可能なミツマタを用いることになったのである。

### 局納みつまた

紙幣製造の担当役所である印刷局は年々必要な枚数の紙幣を継続して発行するため、必要量の三椏皮を用意しておく必要があった。そこで各府県を通じて、ミツマタ栽培を奨励させたのである。明治・大正期のミツマタ栽培地は不詳であるが、昭和二十五年（一九五〇）末におけるミツマタ栽培県は宮城、茨城、富山、福井、山梨、岐阜、静岡、京都、兵庫、和歌山、鳥取、島根、岡山、広島、山口、徳島、愛媛、高知、福岡、熊本、大分、宮崎という二二府県に拡大しており、その面積の合計は一万五一一町歩に達していた。

印刷局は必要な量の三椏皮を業者から買入れたのであるが、その三椏のことを「局納みつまた」と称した。局納みつまたは現在、島根、岡山、山口、高知、徳島、愛媛という六県が印刷局と契約して生産している。直接納入するものとして、各地に局納みつまた生産者組合がある。局納みつまたの価格は、山口県を除いた五県が毎年輪番で印刷局長と交渉して決められる。

局納みつまた生産者組合が生まれるいきさつを、元印刷局製紙部長の白石亜細亜丸が「三椏増産の思い出」とのタイトルで雑誌『紙パ技協誌　第二六巻第一一号』（紙パルプ技術協議会　一九七二）に載せているので、整理しながら紹介する。

白石が印刷局に採用された大正十三年（一九二四）当時、印刷局で購入していた三椏皮は、ミツマタの原木から剥ぎとった黒皮の外皮の部分をとり除き靭皮だけの白皮にしたもので、ジケ上といわれるものであった。当初の購入三椏皮はそのまま紙幣用の紙を漉くには調整不十分な品物であった。そこで紙幣の原料にするためまず購入したジケ上の白皮を精選のとき手間のかかる節や傷跡の多いものや、あまりにも小さいものをより分けで除く。残ったものも穂先や根元の部分を切り取り、さらに水に浸けて「ちりとり」という精製作業をおこなった。そのため紙幣用となる特ジケの三椏皮の量は、購入品のほぼ半

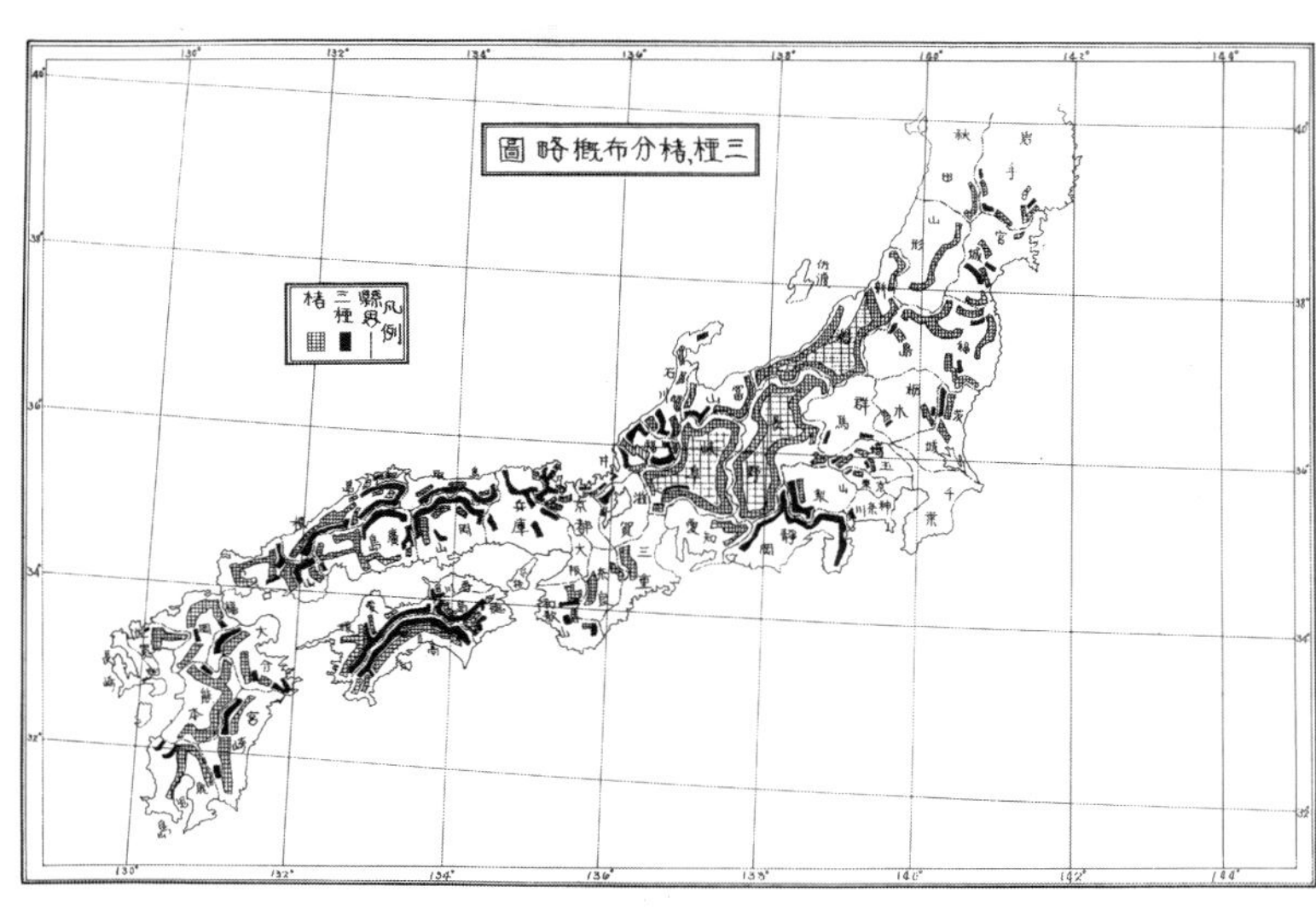


ミツマタとコウゾの分布図（「内閣印刷局研究所調査報告　第18号」内閣印刷局　昭和2～9年）

分となった。したがって紙幣用精選三椏皮は、購入費＋精選費用で、驚くほど高価なものになった。

そこで印刷局では同局での精選作業なしで紙幣用となる特ジケとなったものを購入する方針をかためた。昭和六年（一九三一）から購入を開始したところ、印刷局の精選費用つまり都会並みの賃金が価格に上乗せされていたため、三椏皮の産地では評判がよく、各社はきそってこの特ジケを製造するようになった。

以前から印刷局におさめていた三椏業者は、局の方針に遅れないように加工組合をつくり局納を続けた。一方三椏生産者も単独で加工組合をつくり、直接局納をはじめた。この風潮は各地の生産地に広まったのである。

さて、印刷局が特ジケを購入するようになった原因はわが国と外国とのあいだで戦争がはじまり、増大する紙幣製造のため三椏皮の精選処理が追いつけなくなったためである。

わが国と外国との戦争（事変と称されるものも含む）がおきると、印刷局の業務は非常な多忙となり、紙幣の製造は増えるばかりである。わが国の戦争は昭和二年（一九二七）の山東出兵、同三年の済南事件にはじまり、満州・支那事変から太平洋戦争に発展した。昭和三年（一九二八）から同二十年（一九四五）という長いながい年月の戦争となったのである。

その間の紙幣は、内地券（朝鮮・台湾銀行券を含む）はいうまでもなく、戦域の拡大につれ満州中央銀行券、中国連合準備銀行券ならびにタイ券にいたる外地券の需要に応じて製造された。それまでの三椏皮の年間使用量は七〇万キログラムから八〇万キログラムであったが、ついに五〇〇〇万キログラム前後に達するという膨大なものとなった。前にふれた印刷局員の白石亜細亜丸は、この膨大な三椏皮を調達する仕事に従事し、増産激励と三椏皮の購入のためミツマタ生産地である静岡、岡山、鳥取、島根、徳島、愛媛、高知県の現地へと出かけ、局納みつまた生産組合の人びとと直接話し合ったのである。

## ミツマタ栽培地は焼畑

紙幣原料として大蔵省印刷局が各県を通じてミツマタ栽培を奨励した結果、各地で広い面積のミツマタ栽培地が生まれたが、全国でもそれぞれの地域でも、ミツマタ栽培面積は一定ではなく戦争や売買価格の上下などで変動した。ミツマタの主要栽培地は中国地方と、四国地方であった。戦後の昭和二十五年（一九五〇）末では高知県が四四〇五町歩でもっとも広く、次いで愛媛県の一一八四町歩、三位は島根県の九二八町歩、四位は岡山県の八四九町歩、五位は徳島県の六九六町歩、六位は兵庫県の五〇六町歩となっており、この六県だけで全国の栽培面積の八四％を占めていた。またこの六県の昭和二十四年の三椏（黒皮）生産量は二八四万貫（一万六五〇トン）で、全国生産量の九四％を占めていた。

ミツマタが栽培された場所は、集落の中あるいはその周辺の丘陵地や平坦地を耕して肥料を与え作物を連作する常畑（じょうばた）ではなかった。印刷局が県を通じて栽培を奨励した明治初期は、食物は自給でまかなうことが普通で、常畑では食料となる作物を栽培することが必須であったから、食料にもならないミツマタをいくら奨励されても栽培することはなかった。それではどこで栽培したのかというと、山地の焼畑であった。

焼畑とは山地に生えている樹木を伐採して乾燥させ、それに火をつけて焼き、できた草木の灰を唯一の肥料として作物を栽培する畑のことである。焼畑では追加肥料を与えないで作物を栽培するのだから、数年間で畑地はやせ、収量は少なくなってくるので畑を放棄して山に返し、新しい山へと移動していく移動農業である。山岳地帯の平坦地が狭小で、水田農業をいとなむには不適とされる地方で、焼畑農業は行われていた。九州や四国の脊梁（せきりょう）山地は、焼畑が広く見られる地域であった。

前記のミツマタ栽培面積六傑のうちの高知・愛媛・徳島県は、急峻な山岳地帯が卓越する四国山地の地域で、焼畑地帯として知られていた。岡山県もJR姫新線以北の地域では東西に帯状に古生層が分布しており、標高は低いけれども山岳地帯を形成しており焼畑農業が行われていた。

『愛媛県史　地誌Ⅱ（中予）』（愛媛県　一九八四）によれば、焼畑は伐採地に火入れをする時期によって、春焼き、夏焼き、秋焼きの三種類があった。火入れの時期と栽培作物は連動しており、山焼き初年度に栽培される作物は、春焼きの焼畑ではトウモロコシが、夏焼きの焼畑では蕎麦（そば）が、秋焼きの焼畑は麦が栽培されていた。

春焼きの山は十月ごろ広葉樹に葉があるうちに伐採し、翌年の春三月から五月上旬まで乾燥させて、火をつけて焼く。火入れに先立って焼く場所の周囲の山が延焼しないように防火線をつくり、山の神に安全と豊作を祈って御神酒を捧げ、近所の人たちの応援をえて、伐採地の上方から火をつけ下へ下へと焼いていく。焼けたらそのままの状態で一カ月くらいおき、四月下旬から五月上旬にかけてトウモロコシを幅八〇センチの間隔をとって蒔きつけ、その間に大豆や小豆を栽培するのがふつうであった。

ミツマタは暖帯の山地を好み、独特の臭気があるため鹿や野兎などの獣害がほとんどないので、山岳地帯の焼畑作物としてうってつけの換金作物と評価された。こうして焼畑へミツマタ栽培が導入され、これまでの焼畑の作付け体系が大きく変わった。

## 焼畑栽培のミツマタの収量

ミツマタの在来種は四国山地にもあって栽培もされていたが、ミツマタ栽培が増加したのは明治十年代に静岡県産の品種である赤木種が導入されてからで、ほとんどの春焼きの焼畑でミツマタは栽培されるようになったという。

愛媛県の石鎚山地にあたる上浮穴郡（かみうけなぐん）地方での焼畑におけるふつうの作付けは、焼畑の二年目ないしは三年目の三月から四月、苗畑で育てられたミツマタの苗木が一〇アール当たり三〇〇〇本程度植えられた。初年には中耕・除草が行われたが、以後は夏に除草するくらいの粗放栽培で、植え付けて二年目の冬から三年目の春に収穫できる。それからは二年目ごとに全部を伐採するか、毎年大きくなっているものを抜き切りする。上浮穴郡の山地にかぎらず、ミツマタ栽培地域の山では春になると山という山が、ミツマタのまっ黄色な花で美しく彩られ、それはそれはきれいな風景であったという。

ミツマタには長年月同じ場所で栽培していると、肥料を与えても収量が減るという嫌地（いやち）（忌地）現象があるので、五、六年で栽培地がかわるという焼畑農業に適した作物であった。

植え付けたミツマタの収穫は、茎の高さ七五センチ以上のものを刈りとることを標準として選ぶ。刈りとった株から二〜五本の萌芽が出るので、それを生育させる。収穫方法は地方によって違うが、ミツマタを植え付けてから放棄するまでの期間の総収穫量が多く得策な方法は、一番刈りでは茎が親指大以上に発育したものを選んで刈りとり、二年目から毎年おなじ方法で大きいものを選んで刈っていく方法である。

収穫にあたっての刈りとりは、鋭利な鎌で土ぎわより一五〜一八センチ上部のところを、なるべく切り口を小さく切りとる。ミツマタの皮は根に近いほど品質がよい。刈りとった生の茎は中央部を長さ一・二メートルくらいの縄で束ね（一束二〇キロ前後となる）、皮を剥ぐための蒸場（むしば）へ運ぶ。

収穫量はふつう一〇アールあたり、黒皮で一一〇キロ（三〇貫）程度であるが、白皮とするとその三分の一となる。収穫期は十一月下旬から翌年四月ごろまでの長期にわたる。焼畑で生長したミツマタを伐採し、急峻な山道を運んでくるのは男の仕事である。収穫してきたミツマタは茎の切り口をそろえ、生茎一一〇キロ分を一釜にして、蓋をかぶせ二〜三時間蒸し上げる。蒸しが不十分だと皮剝ぎ作業が困難なうえ、製品の品質も低下するので、蒸し過ぎるくらいがよい。

蒸し上がると皮むきにかかるが、枝が分岐しているので力が要る。茎から剥いだ皮が黒皮で、表皮を

ミツマタの加工作業。2時間ほど蒸してから、皮を剝ぐ。

削りとったものを白皮といい、白皮づくりは冬季の女性の仕事であった。白皮は露地で乾燥させるが、良質なものは何回も水にさらし乾燥して、印刷局に納めた。

生木から紙料となるまでの歩留まりは、終戦後間もない時期に林野庁林産課長であった片山佐又著の『技術・経営　特殊林産』（朝倉書店　一九五二）によると、生木一〇〇キロのものが生皮で四〇〇キロとなり、それを乾燥した黒皮で一七〇キロ、黒皮を水中につけて調整した白皮（ジケ）で八五キロ、白皮をさらに水に浸け洗浄後日干し乾燥した本晒しで六八キロ、それをさらに精製した紙料では三〇キロとなる。つまり原木の重さの三％のものが、紙として漉かれるのである。本晒しの三椏皮が、印刷局に納入する局納みつまたである。

なお同書では、原木から局納みつまたに仕上げるまでの所要人工数は男三九人、女六六・九人、合計一〇五・九人という多数の手間がかかるという。

## 三椏皮の安定供給策

焼畑農業をいとなんでいる地域では、ミツマタはこれまでの雑穀栽培と違って、新しい商品作物として焼畑農家では「ミツマタくらいいいものはない」といい、愛媛県のミツマタ栽培地では昭和十年（一九三五）ごろは年間労働力の四割くらいをミツマタ栽培にあてており、当時の農家のもっとも大切な収入源となっていた。農家にとってミツマタがほんとうによかったのは紙の原料が統制品に指定された昭和十二年（一九三七）以前で、製紙会社が奪いあいで四国の山深い奥地まで買いにきて、売り手市場になったこともあったという。

日中戦争がはじまり紙原料の統制がしかれ、価格がミツマタ生産者の思いどおりにいかなくなった。価格の高望みが期待できなくなり、ミツマタ栽培をやめる人が出てくるようになった。

岡山県富村（現鏡野町）では前々からミツマタを栽培していたが、昭和二十三年（一九四八）より局納するようになりこの年は一〇トン、翌年は一五トンを納めた。昭和二十五年（一九五〇）に朝鮮戦争が勃発し、連合軍がもたらす特需に国内産業は空前の好況となり、翌二十六年（一九五一）には好況にともなう通貨の増発と、世界的パルプ不足から三椏皮の価格は暴騰した。そのため納入条件のきびしい局納をさけ、民間の製紙業者へ売却したため局納はゼロとなった。他のミツマタ生産地でも同じような傾向であったのだろう、印刷局は局納みつまたを確保するため、ミツマタ関連事業に補助金を交付するとともに、局納みつまた協力者の表彰をはじめた。

昭和三十年（一九五五）あたりからわが国経済の高度成長がはじまり、各地で建設事業が盛んになり、弁当をもって土木建設の仕事にいったら日当六〇〇〇円の収入が稼げるようになった。当時のミツマタ作りでは一日二〇〇〇円にもならないので、バカバカしいとミツマタ栽培をやめ、土木建設のほうに走った農家も多い。また昭和三十年ごろまで戦後の復興などで木材の需要は高まっていたが、戦時中の森林の荒廃や自然災害などにより木材の供給が追い付かず、材が高騰し木を植えれば儲かると造林熱が高まり、各地の里山や焼畑地にはスギやヒノキの針葉樹が植えられていった。

昭和三十九年（一九六四）に木材輸入の完全自由化がされ、価格のやすい外材の需要は高くなったが、国産材の利用は急激に減少した。また昭和五十年には為替の変動相場制がはじまり、円高も進んだ影響をうけ、国産材の価格は下落し、林業は停滞し頭打ちとなった。山村の基幹産業であった林業の衰退によって、収入をかせぐ場のなくなった人びとは都会へと移動してしまい、山村での過疎が進行した。

## 紙幣用三椏皮を外国に頼る

紙幣用の三椏皮は、平成十二年（二〇〇〇）ごろまではわが国で生産されるもので需要を満たしていた。岡山県の古くからの局納みつまた生産者は、「取引価格は安いし、仕事も寒い冬場なので、けっこうしんどい。正直な話何度もやめてやろうかと思った。でも我われが日本のお札を支えているという誇りのようなものが、続ける力になっている」という。日本銀行券の原料を作っているという誇りのようなものが、安くて労働のきつい仕事を続けさせているのだ。

局納みつまた生産者は局納みつまたは安いというが、本当にそうだろうか。平成十七年（二〇〇五）

の局納みつまたの基準価格を日本特用林産振興会のホームページ「和紙―文化財を維持する特用林産物三」で見ると、三〇キロ当たり基準価格は六万六四〇〇円なので、一キロ当たりに直すと二二一三円となる。前に見たように局納みつまた六八キロ分を製造する人工数は一〇五・九人で、一キロ当たりに直すと所要労力数は一・五六人となる。仮に一人一日の賃金を一万円とすると、一キロ当たり所要経費は一万五六〇〇円となる。印刷局の基準価格と比較すると、基準価格は納品三椏製造原価のわずか一四％にしかならない。この安い価格で局納みつまた生産者は、頑張っているのである。

国産の紙幣用三椏皮は、平成十七年（二〇〇五）以降には生産地の過疎化や生産農家の高齢化、後継者不足のため激減することが見込まれた。これに対応するため、印刷局では国内生産の不足分を平成二十二年（二〇一〇）度以降から、ミツマタの原産地である中国とネパールから輸入するようになり、現在に至っている。

平成二十五年（二〇一三）から始まったアベノミクスによる異次元の金融緩和で発行される年間三〇億枚もの紙幣製造には、国産三椏皮と輸入三椏皮を混合した原料が使用されているのである。

中国やネパール産の三椏皮調達価格は、国内産の二五％程度と安く、紙幣製造費を節約することができる利点がある。その反面、平成二十七年（二〇一五）四月二十四日輸入先のネパールでマグニチュード七・八の大地震が発生し、ミツマタ生産地が大きな被害をうけている。ネパールのミツマタ生産にかかわっている政府刊行物専門書店・株式会社かんぽうの担当者は、大地震の被害をうけた地域のドルカ郡は生産量の七割を占めているという。

印刷局の三椏皮の調達は、国内産と外国産の二つに区分して入札している。かんぽうは、中国産を輸入している業者と、二年に一回の割合で落札しているという。国立印刷局には備蓄もあるようだが、その量は明らかにされていない。わが国の経済の根幹である紙幣原料の調達を、中国一国に依存してしまうおそれが発生しそうな状況である。

一万円札の原料が中国一国に偏るリスクを懸念して、農林水産省林野庁林木育種センターでは、「ミツマタの人為八倍体の育成」に取り組んでいる。現在栽培されているミツマタは四倍体であり、四倍体と人為八倍体の交雑種の六倍体は生長が良好で、皮の収量も多いことが明らかにされている。しかし六倍体種という品種はあるものの、その増殖は挿し木など無性繁殖で行なう必要があり、実生苗生産にくらべ手間がかかるのでほとんど普及していない。

# 第七章　トチノキ

## 谷間が縄張りの山のヌシ

## トチノキは水湿を好む

いまの人たちはトチという木から、何を連想するのだろうか。ほとんどの人は、田舎の人たちがつくる素朴な味の栃餅（とちもち）のことを思い浮かべるにちがいない。なかにはこんな美味しくもない餅を、いくら食べるものがないといっても、長い年月のあいだよくもまあ、食べ続けてきたものだと感心するにちがいない。栗の実によく似たトチの実は、山深い里の重要な食物として、縄文時代から食べ続けられてきた木の実である。食べ続けられたとはいっても、米や麦とおなじような比重で日常的に、三度三度食べられたということはない。さらにトチノキは、クリのようにどこにでも生育している樹木ではなかった。

トチノキはわが国の温帯林をつくっている落葉広葉樹林の重要な構成種の一つとなっている。水気を好み、適度に湿気があって、腐葉土のたくさん溜まる肥沃な土壌のところに生育している。肥沃な土地を生育地にしているので素晴らしく大きくなる樹木で、樹高は二五〜三〇メートル、幹の直径も二メートルを超えるものも少なくない。谷間では、標高の低いところから出現しており、サワグルミなどとともに姿をみせ、渓流沿いに繁茂する渓畔林（けいはんりん）を形成するのが特徴で、渓畔林の主要な樹種となっている。

トチノキ科の落葉高木で、葉は掌状の大形の複葉で、最大のものでは全体の長さが五〇センチになるものもある。ふつう七枚の小葉からできているので、七葉樹の別名がある。ところが、七葉樹というのは、中国が原産のシナトチノキのことで、この樹は陝西（せんせい）省や河北（かほく）省などに分布している。わが国のトチノキは「日本七葉樹」と呼ばれるという。

朝日新聞社発行の『世界の植物』によると、トチノキ科トチノキ属は世界で二四種、北半球の温帯地域に主として分布している。ヨーロッパにはセイヨウトチノキがあり、これがパリに街路樹として植えられているマロニエである。アメリカにはアカバナトチノキがあり、マロニエと交配したものがベニバナトチノキであり、これらもわが国で街路樹として植えられている。北アメリカには花の色が黄色なキバナトチノキという種もある。

日本産のトチノキの花は白色である。大正時代から街路樹として採用されているが、湿気を好む樹種であるため、乾燥しやすい大都市では相性が悪い。塩分の多い潮風には弱い。

大都会の街路樹には分が悪いトチノキであるが、東京都内の桜田通り（国道一号）の街路樹は有名である。かつてはその果実が救荒食物とされたトチノキが、農林水産省の前にずらりと並んでいるのは食料との関わりを示しているようにも思われる。この樹は明治四十五年

桜田通りのトチノキ。東京国道事務所により、毎年手入れが行われている。

（一九一二）に植栽されたものだといわれ、都会の過酷な環境に耐え、そこそこの太さに育って、樹によっては多くの果実を稔らせているものも見かける。今後はどこまで自動車の排気ガスに耐えられるか、見守っていくことが必要である。

わが国のトチノキ属の樹木はトチノキが一種だけで、日本特産である。トチノキは北海道南西部、本州の青森から山口県の全域に生育しているが日本海側に多く、四国では石鎚山脈周辺に、九州では福岡県、大分県、宮崎県の一部に分布するだけで、高山植物のような感じである。

垂直分布では、標高四五〇メートルから一五〇〇メートルにかけて生育している。南に行けば行くほど、山の中に入るようである。街路樹として植えられているものは、標高一〇〇メートル以下でも、元気に生育している。ただ塩分の多い潮風には弱く、海の側には不向きである。

農林水産省前のトチノキの街路樹

## トチノキの花と果実

トチノキの冬芽はいちじるしく大形で、粘液に覆われている。葉は対生し掌状複葉で、通常五～七枚の葉をつける。托葉はない。花は五月から六月に、枝先に頂生し、大きな葉の間から穂状の花序が顔をだす。穂は高く立ち上がり、個々の花と花弁はあまり大きくはないが、直立円錐花序で白い花が房のように集まって咲く。雄花と両性花が多数混在している。花弁は四枚、白色で基部に薄紅色の化粧をほどこしている。トチの花は俳句では夏の季語となっている。

とちの芽のものものしくも粘液を吐けるを愛す坂の夕日に　鹿児島寿蔵

トチの巨木八百余年花嫁のベールのごとく初夏に咲かせて　濱口ソヨ

巡る春命の香りトチの花緑の翼高く広げて　岩川正夫

満開の栃の花あさ紅ふふみ八百年の香りを放つ　山根勢五

巨きなる栃の白花揺れゆれてたましひ透きて仰ぎ立ちたり　高田八重子

膝ついて母の髪梳く栃の花　小平　湖

出迎への声総立ちに栃の花　小松多美

官庁の和らぐ並木橡の花　坂巻真砂代

橡の花見むと橡の樹より離る　坂本孝子

トチノキの花にはミツバチが好んで訪れるので、蜜源として重要な植物であった。わが国で最高のものはレンゲソウの蜂蜜だが、これに次いでナタネ、アカシア、トチノキ、ミカンなどがあげられ、秋田のトチノキは蜜源として名高かった。だが戦後の拡大造林施策で天然林の伐採がすすみ、養蜂家は打撃をうけたのである。

山形県の朝日連峰の山麓にあたる朝日町には蜜源植物が多く、盛んに養蜂が営まれ、五月から六月にかけてトチノキ、キハダ、ニセアカシア、夏にはクズやイタドリなどの草花の蜂蜜が採られる。ここではトチノキは五月に満開となり、養蜂家はその時をみてミツバチを森へ運ぶ。トチノキの花が蜜を出すのは三日ほどで、その間だけ花の中心部は黄色、ハチが止まると赤みを帯びる。朝日町でもトチノキは優良な材としてよく使われ、昭和四十年代には盛んに伐採された。山形県養蜂協会では、昭和四十二年（一九六七）から毎年蜜源を確保するためトチノキを植林する活動を続けている。その本数は平成十七年（二〇〇五）現在で三万本にのぼるという。トチノキは花が咲くまでに一五年、蜜がとれるようになるのに三〇年かかるといわれている。

種子は十月に成熟し、径は四センチくらいで、果皮が三つに割れ通常は一個だけ落下する。倒卵状形

トチの果実と成熟した種子

をしており径は四〇ミリ、赤褐色でつやがあり、栗によく似ている。一リットルで六〇粒、その重さは約六三〇グラム、一キロの粒数は約一〇〇個である。種子は粉にして二~三日水にさらし渋抜きをして、米と種子の粉を混ぜて餅などに加工して食べる。栃の実を詠う句歌には次のものがある。

東京の霞ヶ関がいろじゅのトチはみのりぬくひとのありや　ほくとせい
京都御苑にも栃の実が山国の吾に心地よし京都の友が送りくる写真　五味保義
橡の木の幼な実こぼす豊前坊　合屋多久美
橡の実の粘りを城の草で拭く　鍋島希子
栃の実の裂けて仏の目となりぬ　星多希子
橡の実や日雀の声南谷　菅原庄山子
栃の実や一村餓死の供養塔　髙橋八男

## トチの語源と漢字表記

トチノキという樹名を牧野富太郎は『牧野新日本植物図鑑』(北隆館　一九九一)のなかで、「意味ははっきりしない」という。つまりトチノキという樹の名前の語源は、はっきりとしないというのだ。トチの正式な樹木名はトチノキで、トチとはその略称である。

トチの漢字表記には七葉樹、天師栗、栃、橡、杤、杼、斗子があるが、トチノキを表記する漢字はみあたらない。

諸橋轍次の『大漢和辞典』（大修舘書店）には「杤（国字）とち。樹木の名。多く深山に生ずる落葉喬木。一説に、とち（十、千）即ち万と木の合字という。栃に同じ。橡、七葉樹」と記されている。

トチのことを昔は橡と書いており、芭蕉や一茶も橡の字で俳句を詠んでいた。

木曾の橡浮世の人の土産かな　芭蕉

橡の実や幾日ころげて麓まで　一茶

橡の字は「つるばみ」とも読み、クヌギの古名である。現在、トチの漢字はもっぱら栃木県の「栃」の字を用いているが、これは明治初年あたりに作られた国字で、常用漢字とされるようになったのは平成二十一年（二〇〇九）一月のことである。

「杤」の字が「栃」に改められた経緯は、栃木県が県名のトチを「杤」から「栃」に改めたことが大きく影響している。宮武骸骨の『府藩県制史』（一九四一）には次のように記されている。

明治十四年出版の内務省地理局編「郡区町村一覧」には「栃木県」をことごとく「橡木県」としてある。明治十二年四月二十日発行の「朝野新聞」に、このほど栃木県令より県名の儀、従来の杤の字を用い来りしところ、以後、栃の字を用ふべき旨を達せられしといふ。

トチの語源について和泉晃一はホームページ「草木名の話」（現在は非公開）の中で、トチの蜜はすぐれた蜂蜜であるところから、はじめはトチノキが「蜜蜂の木」と呼ばれ大事にされていて、それが次第に音が脱落などによってトチノキに変化したとの説をとなえている。

ハチミツノキが次のような経過をたどってトチノキに変身した。

① ミツハチノキ　mitufatinoki　ミの母音 i 脱落
② ムツハチノキ　mutufatinok　ミの子音変化 m→n　ハの子音 f 脱落
③ ンツァチノキ　ntuatinoki　促音ンの脱落　二重母音の変化 ua→o
④ トチノキ　totinoki

上記のミツハチの転訛の過程で、大事なポイントが三つある。

その一は、日本語でミツハチのミのような音は、しばしば脱落する性質があり、「チハチ」となりやすい。例えば、古語のミチマタ（道股）は（ミが抜け落ちて）チマタ（衢、巷、岐）と変化するのと同じである。

その二は、ハ行の子音 f は脱落しやすい。上の例では、ハチのハが母音だけのアになってしまう。それで結果的に二重母音 ua が生ずることとなる。これが第三のポイントである。しかし、古代の発音には二重母音は存在しえなかったので、これが別音に変わる。この場合、ua→o と変化したのである。

トチノキの果実
種子はトチの実と呼ばれる。

江戸末期に描かれた「とち」の図
（岩崎灌園『本草図譜』文政11年完成、田安家旧蔵の写本、国立国会図書館）

京都府南丹市美山のトチノキの老木

広島県庄原市の「熊野の大トチ」

## トチの民俗と方言

トチの実を食用にするためには、渋抜きに高度な技術と手間がかかるが、米の収穫がほとんどない地域では稗(ひえ)やドングリとともに主食の大きな一角を占めていた。常食しない地域でも、飢饉の際の食料として重宝されていた。近年の広葉樹林の伐採跡地でスギ・ヒノキ、カラマツなどの拡大造林が進められるなかにあっても、トチノキだけは伐採されずに残されていた。

富山県南砺市の旧利賀村に生育しているトチノキの巨木「脇谷(わきだに)のトチノキ」と「利賀(とが)のトチノキ」(平成十年、枯死のため伐採)は傾斜地に生育しており、二つの樹とも異なる方向に大枝が伸びていた。枝は毎年交互に花を咲かせていたといわれ、両方の枝が同時に花を咲かせる年は不吉だという言い伝えがあった。

脇谷のトチノキ

トチノキはわが国に広範囲に自生している樹木であり、さらにその果実が縄文時代というはるか昔から食用にされてきたこともあり、地方ごとに歴史的な背景をもった方言が存在している。上原敬二の『樹木大図説』（有明書房　一九五九）と八坂書房編・発行の『日本植物方言集成』（二〇〇一）に集められた方言を掲げる。

青森県　とじ、とじのき、とんじ
秋田県　とじ、とじのき、とつ、どんぐり（雄勝）、とんじ、やちくわ（北秋田、仙北）
岩手県　とつのき
宮城県　とじ、とちっぽ（柴田）、とつのき
山形県　とちぷのき（西村山）、とっぷぬき（北村山）
埼玉県　とちねんぼー（秩父）
三重県　おーどち、どんくりどち（一志）、ほんどち
和歌山県　おーとち、くわずのくり（日高）、ほんとち、ほんどち
香川県　だいしぐり
徳島県　こーぼうくわずのくり、こーぼーだいしくわずのくり、だいしぐり
愛媛県　とちぐり（南予）
熊本県　ぴょーひょーぐり

円錐形に立ち上がるトチノキの花序

セイヨウトチノキとアカバナトチノキの交配種であるベニバナトチノキ

岐阜県籾糠山のトチノキの巨木

トチの方言に弘法大師にかかわる名前が、弘法大師ゆかりの四国八十八カ所めぐりの徳島県にみられる。弘法食わずの栗、弘法大師食わずの栗、大師栗の三つである。弘法大師が行脚の途中、栗を煮ていたおばあさんのところに通りかかり、所望したところ、「これは苦いからダメだ」といって断られた。それ以後、栗が苦くなったとの言い伝えがある。

## トチノキの巨樹

トチノキは長寿で、大木に育つ樹木である。筆者が現役で鳥取県内の国有林の森林計画樹立のため、八頭（やず）郡佐治村（現鳥取市佐治）の最奥部にあたる山王谷国有林での調査していたとき、若いスギ造林地のなかで二本の巨大なトチノキに出会った。案内してくれたこの国有林の管理を担当する主任から、門栃という名称のトチノキと教えてもらった。ちょうど門のように並び立っているから、命名されたようである。その後忘れるともなく忘れていたが、局の広報誌を見ていたところ、この門栃の記述があった。佐治村は鳥取市となり、門栃は鳥取市指定天然記念物となっていた。二本の内の一本は豪雪で倒れ、現存するものは一本となっていた。樹齢五〇〇年以上、幹回り七七七センチ（胸高直径二四七センチ）、樹高三〇メートルの堂々とした樹姿をしている。

広島県比婆郡西城町（現庄原市）熊野大畑の個人所有の山林に生育している「熊野の大トチ」は、推定樹齢三〇〇年以上、幹回り一一・一メートル、樹高約三〇メートルである。トチノキの生育数の少ない西南日本では貴重な巨木で、昭和三十三年（一九五八）二月に国の天然記念物に指定されている。二本の幹に分かれた根元付近には、深さ二メートルほどで大人二〇人くらいが入れる空洞がある。大トチの傍には、山の神の小さな祠（ほこら）があったといわれている。

京都府綾部市五津合（いつあい）町大ヒシロの光明寺所有山林に生育している「光明寺のトチノキ」（君尾山（きみおさん）のトチノキ）は、推定樹齢一二〇〇年、幹回り一〇・四メートルであり、幹は高さ六メートルあたりから落雷で折れ、そこから枝が三方に伸びている。雷が落ちたのは、地元の人がいうにはおよそ三〇〇年も前のことである。折れた裂け目は根元まで広がり、すっかり空洞となっている。古老の話では、かつてはこの空洞に御神酒（おみき）を供えにくる人が絶えなかったといい、明治の記録では山の神様とされていた。トチノキとしては全国第五位の巨木とされている。このトチ

光明寺のトチノキ

ノキは、林道から山道にそれてしばらく進み、急斜面のけもの道を下らないとその樹姿を見ることができないところから、「幻の大トチ」と形容されている。

国道三六五号線の福井県と滋賀県との県境の峠は栃木峠と呼ばれ、その周辺にはトチノキが多いのでこの名がある。峠の福井県側にあたる南条郡南越前町板取の「栃の木峠のトチノキ」は、樹高二四メートル、目通り周囲五・八メートル、地上約四メートルのところで二股に分かれている。福井県内では類をみないトチノキなので、昭和四十九年（一九七四）に県の天然記念物に指定された。峠を通る道は、昔の北国街道で、柴田勝家が改修し、賤ケ岳(しずがたけ)合戦の際には大軍が通ったという。

石川県石川郡白峰村（現白山市）白峰の、福井県境に近い太田谷の個人所有の山林に生育する「太田の大トチ」は、推定樹齢七〇〇年、幹回り一三メートルであり、平成元年（一九八九）の全国巨樹調査でトチノキとしては全国一の大きさとわかったといわれる。

太田の大トチ

根元の幹は大きな空洞になっており、二〇人は十分に入れるほどである。かつて山奥のこの地方は焼畑を中心とする出作り耕作が盛んで、このトチノキの洞は農作業する人の雨宿りの場所であった。この大トチは「山守り」として人びとに敬われていた。白峰村にはトチノキが多く生育しており、トチノキの

赤岩のトチノキ

花は焼畑農業をする人びとの生活の指標となっていて、花が咲くと稗(ひえ)や粟(あわ)の種まきをしたという。平成元年十二月、この樹は白峰村指定天然記念物から石川県指定天然記念物に格上げされ、さらに平成五年(一九九三)に国指定の天然記念物となっている。

平成二年(一九九〇)に読売新聞が選定した「新日本名木一〇〇選」には、トチノキが四本選ばれている。

その一つは、長野県長野市七二合(なにあい)の共有林に生育する「赤岩のトチノキ」で、推定樹齢一三〇〇年、幹回り一一・四メートルで、一見二本の木に見えるがまちがいなく一本の木である。かつては湧水があった場所といわれ、木の背後には水神様の祠が見られる。残念ながら水は、今から一七〇

年ほど前の善光寺地震で涸れてしまったといわれる。昭和四十二年（一九六七）に長野市指定記念物とされ、全国名木一〇〇選にも選ばれている。この木は村の水神として崇められてきた。江戸時代の享和年間（一八〇一～〇四）、松代藩主が役人を派遣してこの樹を調べさせたことがあった。しかし、このトチノキを間近に見ながら斜面をいくら登っても樹に到着せず、周りの水田のカエルが「キルナ、キルナ」の大合唱である。役人はほうほうの体で、引き返したという逸話が残されている。

平成元年（一九八九）に「とちぎ県民の日」を記念して発表された「とちぎの名木百選」には、トチノキが二本選ばれている。

那須郡塩原町（現那須塩原市）の国の天然記念物の「塩原八幡宮の逆杉」の西隣に生育しているトチノキは、推定樹齢六〇〇年、幹回り五メートル、樹高三〇メートル、枝張二五メートルに及ぶ。この樹が生育している場所は、トチノキの自生地にふさわしい環境であるが、歴史的経過を考えると、誰かが植えたものではないかとの疑問を持たれている。

もう一本は、宇都宮市内の延命院の境内の墓地のなかにぽつんと一本たっており、延命院のトチノキと呼ばれている。推定樹齢四五〇年、幹回り三・五メートル、樹高二〇メートルであり、伝承によると天正九年（一五八二）に宇都宮城から移植されたものだという。平地でこの大きさになるのは珍しく、昭和五十年（一九七五）には宇都宮市の天然記念物に指定されている。

## 東北地方のトチノキ巨木

岩手県には自治体が天然記念物に指定しているトチノキが三本ある。

岩手県矢巾(やはば)町大字白沢に生育している「森のトチの木」は、個人所有のもので、推定樹齢四〇〇年、根元回り九・一メートル、樹高三一メートルで、東北一の巨木とされている。矢巾町指定の天然記念物であり、田園の中で、隣に大きな蔵、周囲には樹木も多く、全体が森状となっている。かつては、この木も飢饉対策として重宝されたと思われる。

森のトチノキ

大木稲荷のトチノキ

遠野市土淵大杉に生育している「大木稲荷のトチノキ」は遠野市指定天然記念物で、田園のまっただ中に鎮座する大木稲荷の境内にある。推定樹齢三〇〇年、根元回りは七・二メートルである。遠野市博物館発行の資料によると、凶作や飢饉の常襲地帯であるこの地の、保存食を確保するために植えられたものとみられている。近づいてみると、根元で二本に分かれている。

花巻市東和町毒沢の「毒沢のトチノキ」は花巻市指定天然記念物で、ゴツゴツした岩場の山の斜面に生育している。推定樹齢四三〇年、幹回り約五メートル、樹高三〇メートルである。地元の人がこのトチノキを神木として崇めてきたとみえ、根元に祠が祀られている。

毒沢のトチノキ

福島県南会津郡南会津町の「井桁鹿島神社のトチノキ」は、本殿の右手奥にある境内林のなかに生育しており、根元に小さな祠が祀られている。御神木として地区住民が献木して植栽したものだといわれている。推定樹齢三〇〇年以上、樹高三〇メートル、目通り幹の周囲五・〇メートル、南会津町指定の天然記念物である。村人は、秋になるとトチの実を拾い、栃餅をついて神にお供えし五穀豊穣を祈ったという。

同県喜多方市熱塩加納町の熱塩温泉の入口付近の道路沿いには、「熱塩温泉の大トチ」と呼ばれるトチノキの大木が生育しているが、環境庁の調査には載っていない。詳しいデータは不詳であるが、インターネット上の写真から見積もると、樹高二〇メートル、胸高直径は一二〇センチはあるだろうと思われる。この木の道路側に面した根元に耳の形にみえる空洞があり、昔の人は耳の神様を祀っていた。横に立てられた看板には、次のように記されている。

ここに祀られてある神様は「耳の神様」通称「ツンポの神様」と呼ばれていました。三本の大木の根元が空洞になっており、人間の耳の穴を連想して、ここに昔の人は耳の神様をお祀りしたのです。現在大木は栃の木一本だけです。昔はカエデ（目薬の木）、センの木の大木がありましたが、通行に被害をおよぼす恐れがありましたので二本は伐られてしまいました。

この神について物語が村人たちに伝えられています。ツンポとは方言で耳の聞

熱塩温泉の大トチ

富沢のトチ

こえない人のことです。神は大きな栃の木の根穴を祠にして祀られています。昔洞窟のようなところを耳の悪い乙女が毎日手を合わせて行き来していると、いつしか乙女の耳が聞こえるようになりました。

その後耳の神として方言でツンポの神様といわれたのでしょう。

また根穴の中に沢山のお椀が飾ってあります。横から見たお椀が耳の形に似ていることから、お椀の底に穴を開け耳の通りや病気がよくなるように奉納されたものです。

山形県最上郡最上町富沢の「富沢のトチ」は、最上町役場の南東の富山馬頭観音（とみやまばとうかんのん）の境内に生育している。推定樹齢五〇〇年から六〇〇年、樹高三〇メートル、幹回り六・三メートル、昭和三十一年（一九五六）に山形県の天然記念物に指定されている。富沢地区の人びとは、富山馬頭観音の境内木として大切に守り育ててきた。この木はかつては多くの実をつけ、その実は馬の眼病によく効くといわれていた。この町が馬産地だったころには、馬頭観音のさずかりものとしてトチの実を拾いにくる人がたくさんいた。

以前はこの木の落葉は境内で焼いていたが、近年は条例で落葉焚きができなくなった。そのため拾い集めて搬出するのだが、軽トラックで六杯ほどあるそうだ。

## トチノ実の利用

トチノキの大きく丸い果実は十月ごろ熟し、厚い果皮が割れ少数の種実が落下する。トチの実は大きさ、艶、形はともにクリの実のてっぺんのとんがりを無くして丸くしたようなものに似ているが、クリとはちがって渋味がありそのまま食用とはならない。サポニンを含んでいるからで、トチの実を加工することなくネズミに与えると三日で死ぬといわれている。

食用とするためには、苦渋味の成分である非水溶性のサポニンを除くことが必要だが、この仕事にすこぶる手間を要する。しかしトチの実はデンプンのほかタンパク質を多量に含んでいるので、縄文時代から重要な食料とされてきた。代表的な縄文遺跡の青森・三内丸山遺跡からも、主食料のクリにまじってトチの実が出土している。昭和のはじめまで日本の山村では、ヒエやドングリとともに主食の一角をなしていたし、常食しない地域でも飢饉の際の食料（救荒作物）として重宝され、天井裏に備蓄しておく民家もあった。山村の食料として利用された木の実はクリとトチの実と、ドングリの三種であった。

トチの実のアク抜きの方法を、石川県白峰村（現白山市）に伝わる方法で記す。トチの実を三日間水の中に浸けて虫を殺し、引き上げて乾燥させる。囲炉裏（いろり）の上の火棚にあげて貯える。食べるにはまず熱湯に一晩浸ける。ぬるま湯に浸しながら、歯または金槌で皮を剝く。清流に一から二週間晒す。コナラやクヌギ、ブナの灰を篩（ふるい）にかける。鍋に篩かけした灰を入れ、煮て、木灰汁（もくあく）をつくる。それにトチの実を入れ、よくかき混ぜ、藁蓋をかぶせアク出しをする。木灰汁から取り出し、水洗いし、二〇分水に浸す。トチの実と餅米を二対三の割合で蒸し、臼で搗いて餅にする。このように手間暇がかかるので、俗に米一升とトチ粉一升は同価値だといわれている。

江戸中期の『大和本草』は、「土民（とちのひと）とりて粉とし、餅とす。凶年食として飢を助く、木曾山中に多し」と記している。

山村での食料事情が好転した現在では、食料としての役目を終えたが、渋抜きしたトチの実を餅米と共についた栃餅が郷土食して受け継がれ、土産物にもなっている。

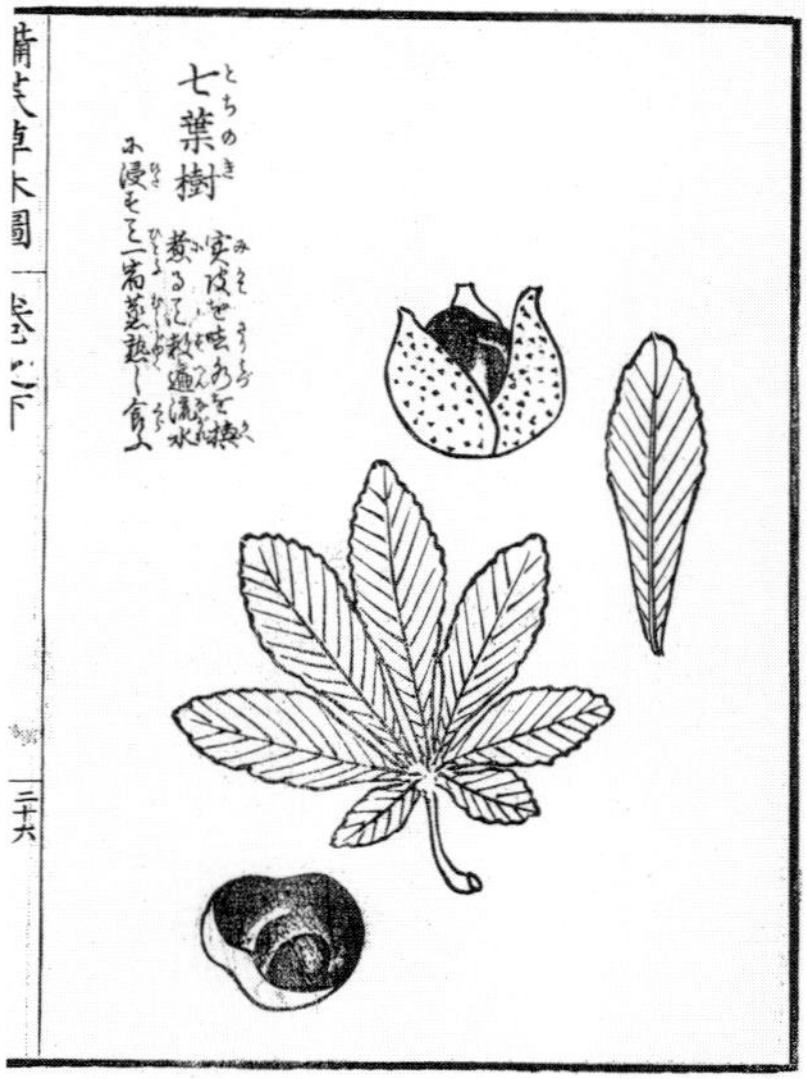

江戸時代末期に救荒植物として描かれたトチノキ（建部由正『備荒草木図』天保4年）

一般的な栃餅は限られた地域でのみ作られており、土産物として目にすることがある。偶然の出会いがあれば、その個性的な風味、山里の味を楽しむことができる。しかし、もともと風味を楽しむという食べ物ではないので、その土地土地によってさまざまな栃餅ができている。日本一大きなトチノキ「太田の大トチ」のある石川県白山市白峰地区には、栃餅を売る店が数軒ある。能登地方では栃餅のことを、「とちの実だご」とも呼ぶ。

## トチノキの幹や葉などの利用

トチの木は大木となるため、大きな板材がとれる。木質は芯が黄金がかった黄色で、周辺は白色となっている。きれいな杢目がでることが多い。スギやヒノキのように真っすぐに伸びて幹が円筒のようにはならないため、材とした場合変化に富んだ木材になりやすい。緻密な材質だがやわらかで、加工がきわめて容易である。削った面の光沢が上品なうえに木目が美しい。比較的乾燥しにくい木材で、乾燥が進むと割れやすいのが欠点である。建築材としては床柱、磨き床板、天井板、扉、洋間の腰板などに利用される。このほか、裁ち板、張り板、洋家具類や細工物、彫刻材などにも用いられる。大材が得られやすいので、かつては臼や木鉢の材料にされたが、昭和の中期以降は一枚板のテーブルに使用されることが多かった。

明治の末期に農商務省山林局（現在の農林水産省林野庁の前身）は、わが国における木材や竹材の有効利用を図るため、国内で利用されている数百種の木材製品・竹材製品についてその原材料の性質、処理方法、製造法などを詳細に調査し、その結果を『木材の工芸的利用』として、明治四十五年（一九一二）に大日本山林会から出版している。そのなかに記されているトチノキのもつ工芸的性質とその用途をまずとりあげる。

○材色紋理を利用するもの　寄木、木象嵌、車両内部装飾、洋家具、家具指物、額縁、バイオリン裏甲板（代用）、床柱、刷子木地

○材精緻にして割れ又ソゲの立たないことを利用するもの　家具彫刻（日光彫り）、置物彫刻、木鉢、洋風建築及び指物彫刻、漆器丸物木地（会津、新潟、山中、黒江、山形県、宮城県、京都）、紡績用木管、碁盤

○材軽く軟らかく音響を発することを利用するもの（代用）　木魚

漆器丸物木地を製作する石川県江沼郡の山中挽物におけるトチノキの評価は、最も軽い品で、材質はボクツキ（業界用語）、下地の着きが悪く、木目が最も粗いので下地を要することが甚だしい。かつ材芯に大きな髄があるので丸木は特に劣等とする。良材が欠乏しているため、近時止むを得ずこれを混用するものがあると、漆器用材としては劣等材としている。『木材の工芸的利用』は一応トチノキの利用を

前述のようにあげてはいるものの、それぞれの用途の材としては優良材としての評価はなされていない。他の材が手に入らないとき、代用として利用するという程度の評価である。

トチノキはまた薬用樹でもある。生薬名を七葉樹（しちようじゅ）といい、利用する部位は葉の若芽（粘液をそのまま用いる）、樹皮、種子である。樹皮は夏に採取し、種子は秋に採取して、どちらも日干しして乾燥させて保存する。主成分はアェスミンを多く含むトリテルペンサポニン、クマリン、フラボノイドである。アエスミンは抗炎症作用がある。

ヨーロッパでは、胃腸に吸収されにくい作用があり、調合薬として応用する。アメリカでは、葉を煎じた液を百日咳に用いる。収斂剤で抗炎症作用があり、静脈血管壁が弛緩（しかん）、膨張して静脈流、痔核などの正常な血管の浸透性を亢進して、過剰な水分を血管内に再吸収することにより、体内の水蓄積を減少し、少量の服用で足部壊疽（えそ）、静脈瘤、痔、凍傷に有効である。種子から抽出した油が、フランスではリユウマチの外用として用いられている。

寄生性皮膚病やたむしなどには、若芽から出る粘液をそのまま塗り付ける。また種子を砕いたものと、センブリ（当薬（とうやく））の等分ものを、水で濃く煎じ、その煎じた液で患部を洗う。下痢止めには、樹皮一日量一〇から一五グラムに水〇・三リットルを加えて、水が半分になるまで煎じて服用する。種子を煎じたものは霜焼けや痔に利用するし、さらに骨折や関節結核などの手術の後におこる軟部腫瘍を抑制するためにも利用される。

# 第八章　気比の松原とマツタケ

秋の味覚のうちでどうしても味わいたいと日本人が思うマツタケは、ふつう内陸の松山に生えるキノコである。福井県敦賀市の気比（けひ）の松原には江戸時代中頃、そのマツタケが生えていた。海岸松原にマツタケが生えることは極めて珍しい現象である。一般的に海岸松原はクロマツ林だが、気比の松原は珍しいことにほとんどがアカマツだったからである。

## 海岸砂浜に松が生える

松原とは、海岸沿いの砂浜に生育している松林のことをいい、内陸部の松の集団生育地は単に松林と称される。

気比の松原は三保の松原（静岡市）、虹の松原（佐賀県唐津市）とともに、日本三大松原の一つとして知られており、敦賀湾の奥に面した海浜の西側半分を占め、長さ約一・五キロ、面積約四〇ヘクタールである。ここの松原に江戸時代中期にマツタケが生えていた記録がある。

夏には海水浴や花火大会で賑わう松原海岸

気比の松原は、敦賀湾の奥に河口をもつ笙（しょう）ノ川とその河口付近で合流する黒河（くろこ）川が、源流である滋賀県境の野坂山地の花崗岩（かこうがん）深層風化物を運んできた砂浜に成立した松原である。この二つの河川流域だけが花崗岩地域で、周囲は古生層地域となっている。花崗岩は風化すると、白種雲母（うんも）片、石英粒等に分離し、見た目の白い砂となり白砂の海岸ができあがっている。日本の松の緑を守る会が選定した「日本の白砂青松百選」には、砂浜がねずみ色のものも含まれており、砂の色から白砂青松の地とはいえないところもあるが、気比の松原は本当の意味の白砂青松の浜辺となっている。

現在は松原公園として整備されている。

　砂の陸地ができると、パイオニア樹木の松がまず侵入して林を形成し、植物社会の先駆者となる。そのことを『常陸国風土記』の香島郡（かしまのこおり）高松の浜の条（くだり）は、「大海（鹿島灘）の流れが送ってよこした砂と貝とは、積もり積もって高い丘となっている。自然に松林ができて、椎の木や柴が入りまじって生え、もはや山野のようである」と、長い年月の間には自然に海岸砂浜に松林が成立する様子を描写している。

　敦賀湾奥の砂浜にいつ松原が成立したのかは定かでないが、この地に伝わる伝説では、聖武天皇の天平二十年（七四八）、

天筒山から望む気比の松原全景と敦賀港

海岸線に沿って広がる松林（上）。気比の松原は昭和3年に国指定の名勝となっている。

江戸後期に越前の名所として描かれた敦賀・気比松原
（歌川広重『六十余州名所図会』ボストン美術館）

異賊の将が西海より襲ってきた。時は十一月十一日敦賀の地は長く振動し、一夜のうちに数千本の松が浜辺に出現した。翠色の高く聳える松の上に気比神宮の使鳥のシラサギ数万羽が群れ、風にひるがえる旗のように見えた。また数丈もの巌石が北側の海に現れ、石の盾、城門の威の様相を呈した。これにより西海の賊船はみな覆り、賊徒は海水に溺れたと伝えられ、気比の松原は一夜松原といわれる。伝説のように天平時代には、すでに立派な松原が出来上がっていたと考えられる。

## 気比の松原とアカマツ

松とは、マツ科の二葉松であるアカマツ（赤松）とクロマツ（黒松）（この二種間の雑種を含む）の総称である。

両種の生育環境について林弥栄は『日本産針葉樹の分類と分布』（農林出版　一九六〇）で、「クロマツは海岸性を帯び、海水あるいは潮風に対する抵抗力強く、常にこれらの影響を受ける海岸砂地上において最も旺盛なる生育をなし、漸次、内陸に入るに従ってその数を減少するようになる」と、海岸地域を生活本拠とする樹木だという。クロマツは内陸部では大きな群落をつくらない。

一方のアカマツは、「要するにアカマツは土地に対する適応性が強く地質も土壌も種々なところに育つ」と、一旦はどこにでも生育できるとするが、「海岸の潮風のあたるようなところではクロマツとの競争が最も激しいが、多くの場合、海岸の一線ではクロマツに敗れ、二線以内ではアカマツが優勢な場合が多い」と、海岸の最も海寄りの場所つまり汀線（ていせん）近くではクロマツの方に凱歌があがるという。

クロマツは塩害あるいは潮風害への抵抗性が強いため、一般的に海岸に生育し松原をつくる。筆者の見たいくつかの海岸松林でいうと、山口県光市の虹ケ浜海岸、岡山市の渋川海岸、兵庫県高砂市の高砂海浜公園、鳥取県境港市の弓が浜、静岡市の三保の松原、和歌山県美浜町の煙樹海岸などは、いずれもクロマツの生育地であった。

ところが日本海側の若狭湾の西にある京都府宮津市の天橋立（あまのはしだて）ではおよそアカマツ五割、クロマツ五割とほぼ半々の割合で生育している。天橋立は海の中にできた狭い砂嘴（さし）の上に成立した松原で、その両側は海である。

若狭湾東部の気比の松原は、福井森林管理署の調査によると、平成二十四年（二〇一二）十一月末現在で松の生育本数は一万三二一四本で、その中でアカマツ七九五四本（六〇・二％）、

アカマツとクロマツが混じり合う松林

気比の松原　海岸に落ちた松ぼっくり

アカマツの根元に生えるマツタケ（上）と地上に顔を出したショウロ（下）

海岸線から望む気比の松原

気比の松原 汀線に生えるクロマツ

クロマツ五一九〇本（三九・三%）、フランスカイガンショウ（海岸松）等の外国松七〇本（〇・五%）であると、同署が平成二十五年に作成した『気比の松原一〇〇年構想』に記している。

現時点での気比の松原は、アカマツが松全体の六〇%を占めており、各地の海岸松原と比べると特異な樹種構成になっている。樹種の配置は汀線地域にはクロマツが多く、内陸部はアカマツ林となっているが、アカマツが汀線部分まで進出している場所も見られる。

このアカマツは近世にも明治期にも植栽されたという記録はなく、自然に芽生え成立したものと考えられている。

現在生育しているクロマツの多くは、気比の松原が明治三十五年（一九〇二）に森林法により潮害防備保安林に指定され、津波や高潮の勢いを弱めて住宅等への被害を防ぐと同時に、海岸からの塩分を含んだ風を弱め田畑への塩害や潮風害等を防ぐ森林を造成することを目的として、砂浜海岸に植栽しても活着率のよいクロマツを植栽したものである。

近世および保安林指定がなされた明治初期時点におけるアカマツ・クロマツの生育割合は不詳である。保安林指定から少し年月が経過しているが、昭和三年（一九二八）に気比の松原は史跡名勝天然記念物法により国の名勝として指定された。そのときの資料でアカマツ・クロマツ別の割合が確かめられる。

敦賀市が保管する『国指定史跡名勝天然記念物指定台帳』の名勝指定申請書には、「敦賀湾の内奥に在って、指定区域は浜地海面を含めて約三八ヘクタールと広く、日本三大松原に数えられる。松樹数約一万二千本、その八割方のアカマツに二割程のクロマツが混ざり、さらに少数のフランス海岸松が点在するが、碧海に沿って延び広がる白砂青松はまさに景勝の地にふさわしい」とあり、この時点でのアカマツの比率は八割で、換算本数では約九六〇〇本であった。

名勝指定時のアカマツの比率は八割であったが、その後八八年を経過した平成二十四年時点にはアカマツの比率は六割となり、二割方の減少をみている。本数ではおおよそ一五〇〇本から一六〇〇本の減少となる。

## マツタケ発生はアカマツ林のみ

気比の松原は、古くから風光明媚な松原として知られていた。元禄二年（一六八九）旧暦八月十四日、松尾芭蕉は敦賀の津に宿を求めた。『おくのほそ道』は、芭蕉が敦賀湾の東端にある気比神宮に参拝したことを記している。

あるじに酒勧められて、気比の明神に夜参す。仲哀天皇の御廟なり。社頭神さびて、松の木の間に月の漏れ入りたる。御前の白砂、霜を敷けるが如し。

江戸時代末期には、歌川広重による『六十余州名所図会』のなかの一つとして「越前　敦賀気比の松原」

が描かれている。

『福井県の地名』（日本歴史地名大系一八　平凡社　一九八一）によると、気比の松原は気比神宮の神園であったが、天正年間（一五七三〜九二）の織田信長の朝倉攻めの際、信長により城のある天筒山（てづつやま）と気比神宮神園のすべてが没収された。

近世に至ると小浜藩支配の藩有林となり、西御山、御林、また櫛川村に属していたため櫛川松原とも称された。当時の広さは南北六町九間（六七二メートル）、東西八町二九間（九二六メートル）であった。櫛川御林は、気比の松原の浜堤の南端にある鋳物師（いもじ）村、東南端にある松中村、東側に位置する今浜村の三か村が守り、毎年秋に落ちる松葉を採取する代価として松葉代の小物成（こものなり）を納めた。小物成とは、田畑から上納する年貢以外の雑税の総称である。松葉代は、鋳物師村は米七斗七升余、松中村は米三斗八升余、今浜村は二石余で、合わせて三石一斗五升余を納めていた。

藩有林である松原の落松葉利用のため小物成（税）を納めることは、どこの松原でも行なわれていたことであるが、気比の松原はさらに別なものを納めていた。気比の松原はよその松原と違いアカマツ林であったため、マツタケ（松茸）が生えたからである。

マツタケは外生菌根菌（がいせいきんこんきん）と総称されている菌の一種で、本体は白い菌糸で共生する樹木の細根に密生した菌根をつくりながらマット状に拡大生長する。いったん定着すると数十年にわたって生活する多年生の菌で、キノコであるマツタケはその子実体（しじったい）で、普通の植物でいえば、花・果実に当たる。マツタケはアカマツが旺盛に生育する二〇年から七〇年生の樹齢あたりによく生える。

マツタケ菌の性質は、ほとんど無機質からでき上がった栄養分の貧弱な土壌条件のところを好むので、地表には落葉も腐植質もほとんどなく、鉱物質でできた土壌に生育するアカマツ林によく生える。なお、火山灰土壌であるボラ土や関東ローム層には発生しない。

クロマツはマツ科だが、どういうわけかマツタケ菌はほとんど共生しないため、クロマツ林ではマツタケを見ることはあまりない。

気比の松原は、はじめに述べたように野坂山地の花崗岩風化物でできているうえ、地表面は周辺の村人がきれいに除去してくれるので、マツタケ菌の好む貧栄養分の土壌ができあがっていたのであろう。このような条件の土壌の松原にアカマツが生育し、林を形成していること自体稀有なことで、さらにマツタケを発生させており、まさに奇跡の松原といって差し支えないであろう。

さて気比の松原でマツタケ発生を物語る資料に、『敦賀郷方覚書』（『敦賀市史　史料編第五巻』敦賀市役所　一九七九）がある。この文書は小浜藩の敦賀代官竹岡為右衛門が、江戸時代中期の享保三年（一七一八）、同四年の記事を中心に編集した敦賀地方の地誌である。

## 気比の松原のマツタケ

『敦賀郷方覚書』によれば、気比の松原で発生したマツタケは山方・郷方・会所に誓紙を提出した引人が採った。採ったマツタケのうち虫が入ったもの、疵のあるものは、大小によらず一〇本二分五厘（二分の一両と五厘）で払い下げられた。

無疵のものは、御用ものとして小浜藩の居城のある小浜へ送られた。その本数は、

享保三年（一七一八）は七三〇本
同四年は五一九本
同五年は一三三本
同六年は四三〇本
同七年は五二七本
同八年は二六一本
同九年は五四九本
同十年は一六一本
同十一年は二九一本
同十二年は二二五本

同十三年は四六〇本

であった。マツタケは自然の産物であり、夏の時期の雨の降り具合や、秋のはじめごろの気象条件の違いによって、生え具合に多い少ないができる。

先にも述べたが、マツタケはマツタケ菌といわれる菌根菌の子実体で、植物でいうと花や実にあたる。マツタケ菌の実態は、菌糸網層といわれるように土壌中に、まっ白な糸がからみあったものである。秋に地中温度が一九℃になると、子実体の原基つまりマツタケの元ができはじめる。そのまま地中温度がゆっくり下がっていくと、マツタケは生長し地上に姿をあらわすのである。

ところが、年によって秋の冷え込みがはじまり、地中温度が一九℃まで下がって原基ができはじめた時期に、季節外れの暖かさがもどってきて夏を思わせるほど気温が上がることがある。そうすると、マツタケの原基は腐り、マツタケにまでは生長できない。そのため季節外れの陽気が終わってからできた原基だけが生長し、マツタケになるので発生数は極端に少なくなるのである。マツタケ発生には、これ以外にも諸種の条件があるので、一概にこうとは言い切れないうらみがある。

とはいえ気象条件がマツタケ発生に大きな影響をおよぼしていることは間違いないであろう。記録によれば、享保三年（一七一八）の本数が七三〇本と一一年間で最大である。そして享保五年と十年の本数は一三三本と一六一本であり、両年とも一〇〇本台という少なさである。この両年にマツタケ発生数を少なくする何らかの気象異常があったとみることができる。

## 気比の松原には松露も生えた

マツタケが生えるころになると、マツタケ盗人が入り込まないよう、村役人に松茸垣の設置が申し付けられた。垣が出来上がると、引人ごとのマツタケ採取場所を決め、番人を六人置いた。マツタケ時期が終わると、押という行事がある。このときは代官所の手代と呼ばれる下級役人が松茸引きとして出るが、何人出ても採取されたマツタケはすべて、藩の取り上げ分となった。押の行事が終われば、誰が入っても勝手次第であった。庶民にも余慶が施されたのである。マツタケは時期が終わったと思っても、霜がおりるころまで発生するので、運がよければマツタケを採ることができた。

筆者も松葉掻きをする十一月の終わりごろにマツタケを採ったことがある。松葉は春に伸びる新梢とともに生長し、翌年の秋稲刈り時分に落下する。松葉はおよそ一年半枝についているので、松は一年中葉をつけているように見えるのである。松山地帯で育った筆者は、秋の稲刈りが終わると、自家の少しばかりマツタケの生える松山で、一年中の風呂燃料用の松葉掻きをしていた経験がある。

十一月終わりごろから十二月初めごろ落松葉掻きをしていると、松林に生えるシメジ（現在スーパーで売られているシメジではない。味シメジといわれる株状になったもの）や黒皮、初茸、イグチが採れた。マツタケの生える場所で松葉を掻きよせていると、年によって季節外れの時期に、竹の熊手でマツタケを掻きよせることがあった。やったぁ、と大喜びで戦利品を大事に持ち帰った記憶がある。

江戸時代後期の嘉永年間（一八四五～五〇）にもマツタケが発生していたことが、この時期に著された石塚資元の『敦賀志』（敦賀市博物館蔵）に記されている。

> 此の松原ハ日本三景の次の勝地にして、皆爰に逍遥し、漁者の網を挙げさせ、或は扁舟を放ちて釣を垂れ、或ハ林間に松釵を拾いて酒を煖む。秋はまた松蕈・松露尤も美にして諸菌の類甚だ多し。

このように近世の気比の松原には、秋にはマツタケとともに松露も生えていたのである。

松露は茸特有の傘もなければ足もなく、およそ茸らしくない小さなジャガイモのような姿の茸である。食味は珍味である。吸物に一～二個入れると、かすかに松葉の香りがただよい、肉質のなんとも言えない歯切れのいい口当たりが他に類をみない。

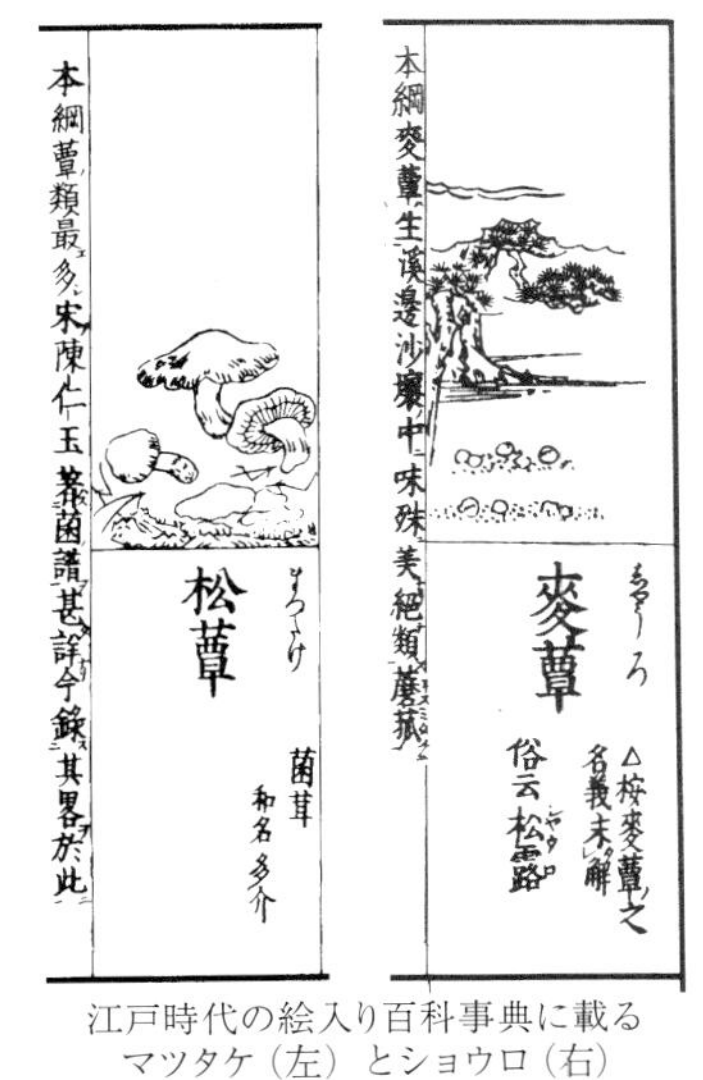


江戸時代の絵入り百科事典に載る
マツタケ（左）とショウロ（右）
（寺嶋良安『和漢三才図会』正徳2年〔1712〕頃）

松露は早春に発生するが、晩秋にも出てくる。海岸松林の落葉のほとんどない砂地の、黒松の細い根に菌根をつくり、根に沿って不規則に広がって出てくる。小さな熊手で、砂地を掻きおこすと、コロ、コロ、コロと砂にまみれた松露がころがり出てくる。

『敦賀志』が著された嘉永年間以後、明治・大正・昭和期のいつ頃までマツタケと松露が発生していたのか、資料によってたどることは難しい。

気比の松原は明治期の小浜藩の版籍奉還により五五町歩余が国有林に編入された。明治四十一年（一九〇八）東北部の二六町歩ほどを敦賀町と松原村が共同で借り受け、公園を開いた。終戦後、周辺部が宅地や学校用地となり、公園の約四〇ヘクタールを残すのみとなった。夏は海水浴場で賑わい、八月十六日の灯篭流しは最高の人出となる。

気比の松原を管理する福井森林管理署は、「気比の松原一〇〇年構想」の基本方針にアカマツ林の維持を掲げ、落松葉を取り除き、白砂の林床を維持するため市民参加の松葉掻きを毎年秋に行なっており、マツタケ菌の生育には好条件が整う。マツタケ発生が目的のアカマツ林の手入れではないが、かつてはマツタケ発生地であったことを知るものには淡い望みを抱かせる。しかし、現在のアカマツは、樹齢一〇〇年生前後の高齢なので、マツタケの蘇りは期待しないほうがいいのだろう。

# 第九章

# 樹木大好き日本人の名字

## 枚方市民は三の数字好き

ひょんなことから日本人の珍しい名字にかかわってしまった。はじまりは、大阪営林局管内の退職者親睦団体である敬山会の事務局長をしていたとき、管内の支部長を招集しての会議の際、島根支部の鈴川博司支部長に森田正彦副会長が「珍しい姓をまだ集めているのか」と尋ねていた。「まだやっとるよ」との鈴川支部長の回答。その間に筆者が割って入り、「神社さんという姓は知らないだろう」と問いかけた。ふたりとも知らなかった。

そんなやりとりがあって、現在住んでいる大阪府枚方市の住民の姓・名字を調べてみる気になった。枚方(ひらかた)市という地名も、大阪や関西方面の人は知っているからこそ簡単に読めるが、関東や九州の人などには、難読の地名である。難読の地名のところには「神社さん」のように珍しい名字があるにちがいない。手がかりとして「枚方市詳細図」の桜丘北・桜丘小学校下区域図に記載されている姓・名字を拾い出した。字面だけで読み方は不詳である。

一字姓の方では、藪さん、春さん、鱸さん、葉さんなどがいた。天の月精さんがおり、食具の土器さんや余膳さん、宝物を収蔵する寶蔵さん、正月を迎えるための門松さん、神さまを祀る宮さん、神社さんなど、珍しい姓・名字がみつかった。別に数字の名字を拾い出して集計してみると、名字として使われている数は一、二、三、四、五、六、七、八、九、十、五十、八十、百、五百、千という一四種であった。一四種の数字の名字の合計は一七四種となり、もっとも多い数の名字は三で、三星さん、三枝さん、三森さん、三雲さん、三本松さんなど六〇種、これだけで全体の三四・五％を占めていた。日本人の三の数字好きがはっきりと現れていた。

## 名字は樹木名が草本名より多い

珍しい名字集めが面白くなって、こんどは名字にはどんな樹木や草本類が用いられているのか調べた。全国を網羅することはとうてい不可能なので、標本抽出の意味で傾向を探ってみることにした。手近かにある資料として第三書房発行の約二万九〇〇〇句が収録されている『ザ・俳句歳時記』（二〇〇六）、筆者の元の勤め先であった大学の教職員名簿（二〇〇〇年版）、家内の出身高校の卒業生名簿、筆者の出身高校の校友会名簿、『大阪営林局退職者名簿』（二〇〇〇年版）の五種類を用いた。今回調べた範囲での樹木の種類は五七種にのぼり、草本類三三種、竹と笹類四種という結果となった。

全国の人びとに当たったわけではないが、傾向としてはそんなに変わらないと思われるので、取りあえず報告することにした。

樹木が針葉樹か広葉樹か、そしてその樹木が常緑であるか、落葉であるかを分類し、そのうえに食用にできるかどうかで、分類してみる。食用は栗や柚（ゆず）のように果実の場合、茶のように葉っぱの場合、葛（くず）

のように根の場合がある。果実では、枇杷（びわ）や梨のように果実をそのまま生食できるものもあるし、栃（とち）のように手を加えて加工しなければ食べられないものもあるが、それらは一緒くたにひっくるめて集計した。

草本は、観賞用の花、栽培作物、食べられる野草、その他の草本類、竹・笹類の五種類に分類した。

**［名字とされる樹木・草本類の種類数と、名字の種類数］**

| 項目 | 針葉・広葉別 | 食用など | 樹木の種類数 | 名字の種類数 |
|---|---|---|---|---|
| 樹木 | 常緑針葉樹 | 食用できない | 八種 | 一一六種 |
| | 常緑広葉樹 | 食用とする | 五種 | 一七種 |
| | | 食用できない | 一〇種 | 三二種 |
| | 落葉広葉樹 | 食用とする | 一六種 | 一三一種 |
| | | 食用できない | 二三種 | 一七三種 |
| 計 | | | 六二種 | 四六九種 |

| 草本・竹類 | 観賞用の花 | 六種 | 一四種 |
|---|---|---|---|
| | 栽培作物 | 一一種 | 五二種 |
| | 食べられる野草 | 五種 | 一二種 |
| | その他草本類 | 一〇種 | 三九種 |
| | 竹・笹類 | 四種 | 五七種 |
| 計 | | 三六種 | 一七三種 |
| 合計 | | 九八種 | 六四二種 |

樹木のうち針葉樹はみな常緑のもので、食用にならない樹木ばかりであった。松、樅（もみ）、槇（まき）、杉、檜（ひのき）、椹（さわら）、栢（かや）、梛（なぎ）の八種で、この八種の樹木をもつ名字の種類は一一六種であった。

常緑広葉樹は、食用とするものは柚（ゆず）、橘（たちばな）、枇杷（びわ）、茶の五種で名字の種類は一七種、食用にできないものは柘植（つげ）、枇榔（びろう）、正木（まさき）、楠（くすのき）、青木、柊（ひいらぎ）、椿、榊（さかき）、椎（しい）の一〇種で名字の種類は三一種である。

落葉広葉樹は、食用とするものは栃（とち）、栩（とち）、杼（とち）、梨、胡桃（くるみ）、榎（えのき）、椋（むく）、李（すもも）、桃、梅、棗（なつめ）、栗、葛（くず）、榛（はん）、桑、柿、木通（あけび）の一七種で名字の種類は一三二種、食用にできないものは梓（あずさ）、楢（なら）、槐（えんじゅ）、卯（う）、檀（まゆみ）、椛（かば）、楡（にれ）、漆（うるし）、槻（つき）、蔦（つた）、柏（かしわ）、桐、桂（かつら）、藤、水木（みずき）、梶（かじ）、萩、茨（いばら）、沙羅（さら）、柳、桜、杜（もり）の二二種で名字の種類は一七二種である。

断然落葉広葉樹が多い。そのなかで、中国原産の樹木である梅、李、棗の三種がある。この三種は弥生期に渡来してきて、千数百年という長年月、人びとに栽培されてきたので、もはや外来樹とは思っていないようである。

草本や竹類では、観賞用の花は菊、百合、蘭、菖蒲（しょうぶ）、海老根（えびね）、葵（あおい）の六種で名字の種類は一四種、栽培作物は稲、粟、蓮、麦、菜、稗（ひえ）、瓜、綿、麻、藺草（いぐさ）、豆の一一種で名字の種類は五二種、食べられる野草は芹（せり）、薊（あざみ）、菱（ひし）、蓬（よもぎ）、蕨（わらび）の五種で名字の種類は一二種、その他の草本では荻、茅（かじ）、萱（かや）、蒲（がま）、芝、芦（あし）、蘆（あし）、葦（あし）、薄（すすき）、菅（すげ）の一〇種で名字の種類は三九種、竹や笹類は竹、篁（たかむら）（筍（たけのこ） のこと）、篠（しの）、笹の四種で名字の種類は五七種である。

要約すると、樹木の種類は六二種（全体の六三・三％）でその名字の種類は四六九種（全体の七三・一％）となり、草本と竹類の種類は三六種（全体の三六・七％）で名字の種類は一七三種（二六・九％）となった。草本の観賞用の花に、美しい花木の梅、桜、桃、椿、萩、藤を加えると、花の植物は一二種で名字の種類は一二〇種となる。

## 庶民の名字は明治初期から

筆者の調べた範囲での名字のなかに植物名をもつ庶民の名字は、樹木の種類が全体の約六三％を占め、草本や竹類の種類の三七％を大きく凌駕している。また名字の種類では、樹木名をもつ名字が全体の七三％を占め、草本や竹類の二七％を大幅にこえて、樹木の種類ごとでも変化に富んでいた。

近世まで名字をもつ人は、武士や公家、特別に名字帯刀を許された人たちであった。百姓や町人などのいわゆる庶民は、いずれも名字をもっていなかった。百姓はたとえば美作国勝田郡（ごおり）豊久田村の利兵衛や利作であり、町人は紫陽花長屋の利助であり幸吉で、人別を認識されていた。戸籍ともいうべき人別帳がつくられていた。

徳川幕府が倒れ明治新政府となっても、はじめのうち名字は江戸時代と同じように許可制をとっていた。明治三年（一八七〇）九月に「平民名字許可令」が公布され、願い出て許可をうけると国民はみな名字を名乗ることができるようになった。庶民は名字を名乗ると、御用金を申し付けられるのではないかと疑い、庶民と同じく名字のない僧侶は、名字は不要だとして、政府の方針にしたがわなかった。そこで明治政府は「住職僧侶名字必称義務令」を布告した。

それでも庶民は名字をつけることをためらっていたので、明治八年二月になって「平民名字必称義務令」を布告して、強制的にそれぞれの家ごとに名字をつけることを命令した。政府に名字をつけることを強制されたので庶民はあわてた。

当時の日本の人口構成は井上光貞・笠原一男・児玉幸多著『詳説　日本史　改訂版』（山川出版社一九八五）によると、明治六年（一八七三）現在で華族二八二九人、士族一五四万八五六八人、卒（一時おかれたもので、足軽などの下級の武士）三四万三八八一人、平民三一一〇万六五一四人（全人口の九三・四％）、その他（僧侶・神官など）二九万八八八〇人、合計三三三〇万六七二二人であった。

華族とは、明治二年（一八六九）に皇族の下、士族の上におかれた族称である。はじめ旧公卿、大名の家系の身分呼称にすぎなかったが、明治十七年（一八八四）「華族令」により維新の功臣のちに実業家にも適用され、公侯伯子男の爵位をさずけられて、特権をともなう社会的身分となった。昭和二十二年（一九四七）の新憲法施行により廃止された。

士族とは、明治初年、維新前の武士の家系に属する者に与えた族称で、華族の下、平民の上に位した。法律上の特権はまったくなかった。戦後廃止された。平民とは官位のない普通の人民のことをいう。士農工商の士を除くものをこう呼んだ。戦後廃止された。

平民は名字をつけろといわれて、どうつければよいか困った。字の読めない人、書けない人が多かった。字の読める寺子屋の先生、神官、僧侶、名主、庄屋などに相談してつけたと考えられる。住んでいるところの地名も多くつけられ、農山村では周囲の作物や樹木、漁村では魚や漁に関するものがつけられたと考えられる。平民三三三〇万人の家ごとに、思い思いに名字がつけられたので、今日にみられるように、実に多様な名字が名乗られている。その実数は何種類あるのか、つかみきれていない。

本書を校正しているときのこと、新聞を読んでいたら名前に関しての面白い意見が載っていたので紹介する。平成二十九年（二〇一七）十二月十二日付け朝日新聞「リレーおぴにおん」欄の社会学者・宮原浩二郎氏の談話（聞き手・編集委員 村山正司）である。興味を引かれた部分を要約する。なお名前とは、姓（名字）と名の合体したものである。

「日本人の名前が一つになったのは、国家による国民の管理そのものです。民俗学者の柳田国男によれば、近代以前の日本人は、大きくいって三つの名前を持っていました。成人する前の子どもの名前、成人の名前、老年を迎えてからの隠居名です。それぞれふさわしい名前があり、社会的な位置の移り変わり、変身を表しています。

明治以降は、基本的に一つの名前しか持てません。

名前と中身の関係はしばしば、言葉に霊力が宿るという『言霊（ことだま）信仰』で説明されます。確かに日本人は、言葉はただの記号ではなく、名前は中身に何らか影響を及ぼすと、どこかで信じている」

宮原浩二郎氏がいうように「名前は（人の）中身に何らかの影響を及ぼす」とすれば、義務教育の九年間は先生に名前を呼ばれつづけ、社会に出ても同様なので、名字の樹木とその人とはどんな関わりを持つようになっているのだろうか。興味深いところである。誰か調べて欲しいと思う。

## 最も著名な樹木は松―針葉樹の名字

ここからは樹木名が名字になっているものを掲げ、個々の樹木について簡単に解説していく。まず針葉樹の樹種別に掲げるが、それぞれ樹木名が名字の頭につくもの、後につくものの順に並べた。どう読むのかは不詳である（たとえば「上松」と記してあっても、人により「ウエマツ」「アゲマツ」「カミマツ」「カミショウ」などがあり、読み方で数えることは不可能な事態で、調査には非常な困難を伴う）。参考までに、森岡浩著『名字でわかるあなたのルーツ』（小学館　二〇一七）により、全国の名字の中で人数が二〇〇〇位以内に入るものには＊印をつけておいた。

◎まず松（まつ）からはじめると、松丸*、松坂*、松野*、松原*、松山*、松下*、松本*、松林*、松田*、松沢*（松澤）、松岡*、松尾*、松崎*、松井*、松永*、松島*、松村*、松葉*、松居、松任谷、松裏、松清、松江、松熊、松浪、松延、松沼、松塚、松影、松倉、松波、松瀬、松重、松代、松良、松石、松冨、松平、松枝、松室、松森、松柏、松園、松宮、吉松*、若松*、永松*、村松*、小松*、植松*、小松原*、笠松*、本松、峯松、西松、上松、小松崎、森松、石松、池松、是松、高松、立松、富松、有松、門松の六七種である。

松は近世から昭和初期にかけて、里山を中心に生育する最も多数の樹木であり、最も身近な樹木で、最も親しまれていた。木材としても、建築用材、土木用材、燃料の薪としてもてはやされていた。松地帯の島根県出雲地方では、一級建築とは総松造りの家だといわれる。また防風林として出雲平野の、築地松はよく知られたところである。

◎杉（すぎ）の名字は、杉*、杉山*、杉浦*、杉田*、杉本*、杉岡*、杉野*、杉村*、杉森*、杉崎*、杉原*、杉内、杉林、杉橋、杉吉、杉丸、杉元、杉尾、杉立、杉井、杉倉、杉畑、杉下、杉若、大杉*、金杉、上杉、植杉、舟杉の三一種である。

杉は建築用材とされたが、最も重要な用途は板材で、家屋の床戸に、さらには屋根葺板として用いられ、また桶や樽を製作するのに重宝された。酒や味噌、醤油の醸造容器として杉樽は重要な役目をはたしてきた。杉板の肥桶は都市のし尿処理に役立ち、同時に近郊農村の肥料供給に役立ってきた。新酒のできたことを知らせる杉玉・酒林が酒屋に吊される。

◎檜（ひのき）〔桧〕の名字は、檜、桧、檜野、檜山、檜垣、檜尾、桧垣、桧尾、桧山、小檜山の一〇種である。

桧は世界的にも優れた木材で、社寺の建築あるいは城の造営用材とされ、庶民は桧材での建築は許されていなかった。庶民があこがれた桧御殿を誰でもつくることができるようになったのは、明治以降である。

◎槇（まき）〔槙・槇〕は、槇、槇田、槇原、槇塚、槇野、槇本、槇木の七種である。

槇はイヌマキ、コウヤマキ等のマキ属の総称で、イヌマキ（犬槇）は生垣に使われる。コウヤマキ（高野槇）は水湿に強い材なので風呂桶がつくられ、常緑の葉は真言宗では仏様に供えられる。

◎樅（もみ）は、樅山の一種だけである。

樅はわが国特産の樹木で、樹形が端正なので庭木とされる。材の色はまっ白なので、むかしは手漉き和紙や、着物布の貼り板として使われた。

◎栢（かや）の名字は、栢本の一種である。

栢はふつう榧の字のほうが使われる。大木に育ち、果実の核は薬用とされ、あるいは油が絞られた。材は堅く古くは仏像彫刻にされ、また碁盤などがつくられる。

◎椹（さわら）の名字は、椹木の一種である。
椹は木曽五木の一つで、桧に酷似しており、障子や襖（ふすま）の組子に使われる。
◎梛（なぎ）の名字は、梛一種である。
梛は暖地に生育する樹木で、熊野地方では神木とされ、この葉っぱを鏡の裏や守り袋に入れ災難除けとした。

## 橘姓は天皇から授与された――常緑広葉樹の名字

続いて、常緑広葉樹の樹種別の名字を掲げていく。
◎楠（くす）（「くすのき」とも読む）の名字は、楠*、楠本*、楠木*、楠田*、楠戸、楠見、楠瀬、楠部、楠林、楠原の一〇種。
楠は暖地に生育し、長寿で大木となる。数多くの巨樹は神木とされている。材は堅く特殊な芳香があり、樟脳（しょうのう）と樟脳油をつくる。
◎樫（かし）の名字は、樫谷、樫尾、樫村、樫山、樫本、樫服、富樫、冨樫、八重樫の九種である。

◎橿(かし)の名字は、橿原の一種である。

樫も橿も同じもので、材は柄物として槍(やり)の柄、鍬(くわ)の柄などに、さらには荷物運びのためのてんびん棒として利用されてきた。果実は「どんぐり」と呼ばれ、食料とされてきた。

◎柚(ゆず)の名字は、柚沢、柚木、柚山、柚口、柚利の五種である。

柚はミカン科の樹木で、ミカンに似た形の香気と酸味のある果実を稔らせる。

◎橘(たちばな)の名字は、橘、橘川、橘田、橘高、神橘の五種。

橘は古くは食用柑橘類の総称として、万葉集では「非時香菓(ときじくのかぐのこのみ)」と詠まれる。ミカン科ミカン属の常緑小高木で、別名ヤマトタチバナ、ニホンタチバナ。奈良時代に天皇から与えられた姓氏の一つでもある。近世以前では源平藤橘(げんぺいとうきつ)といわれるように、由緒深い高貴な人の名字の一つであったが、明治期に一気にくずれた感じがあり、庶民も名字をつけられるようになった。

◎椿(つばき)の名字は、椿*、椿本、椿原、椿山、大椿の五種。

椿の字は国字。常緑高木で春に真っ赤な五弁の花をつける。種子から油が絞られ、食用・化粧用とされる。観賞用の園芸品種が多い。徳川二代将軍・秀忠が椿好きであったので、影響をうけ椿の園芸ブームがおこった。

◎椎（しい）の名字は、椎*名、椎木、椎野、椎谷、椎屋の五種。

ブナ科の常緑高木で、うっそうとした大木となる。種子にはシブがなく、生で食べられる。材は建築用材に、樹皮は染料とされる。

◎榊（さかき）〔榊〕の名字は、榊*、榊*原の二種。

榊は神が宿る樹木とされ、神社にはなくてはならない樹木である。神木として枝葉は神に供えられる。

◎正木（まさき）の名字は、正木、柾木の二種。

ニシキギ科の常緑低木で、庭木や生垣とされる。

◎柘植（つげ）の名字は、柘植の一種。

柘植は暖地の常緑小高木で、生長は遅く生垣とされ、材は堅く緻密なので印判の材料や、櫛や将棋の駒がつくられる。

◎枇榔の名字は、枇榔の一種。

枇榔はヤシ科の樹木で、南西諸島や小笠原に自生しており、掌状の葉は笠や団扇などに使われる。

◎青木の名字は、青木の一種。

青木は枝が青い常緑低木で、冬に紅色の実を結ぶ。園芸品種が多く、庭木とされ、葉は火傷の薬とされる。

◎柊の名字は、柊の一種。

モクセイ科の常緑高木で葉の縁にはするどいトゲがある。秋の終わりに白い芳香のある小花を開く。節分の夜、この木の枝先に鰯の頭をさし門口につけると悪鬼を払うとされている。

◎枇杷の名字は、枇杷の一種。

果樹としてよく栽培されており、初夏に果実が熟し食用とされる。葉は薬用とされ、材は木刀がつくられる。

◎茶（ちゃ）の名字は、植茶の一種。
茶は中国雲南省原産の常緑低木で、若葉を採取し蒸して乾燥させ、煮だして飲料とする。製法によって煎茶、ウーロン茶、紅茶などの区別ができる。

## 藤原氏とのつながりを示す藤、一里塚に植えられた榎—落葉広葉樹の名字

次に、落葉広葉樹の名字を掲げていく。
◎藤（ふじ）の名字は、藤枝*、藤井*、藤本*、藤原*、藤島*、藤江*、藤森*、藤倉*、藤田*、藤岡*、藤科*、藤谷*、藤永*、藤平*、藤山*、藤間、藤巻、藤並、藤波、藤吉、藤重、藤堂、藤戸、藤城、藤咲、藤林、藤長、藤谷、藤綱、藤、上藤、周藤、常藤、兼藤、恒藤、左藤、工藤、遠藤、今藤、斉藤、齋藤、加藤、安藤、武藤、阿藤、後藤、伊藤、金藤、野藤、二藤、木藤、首藤、彩藤、御藤、我藤、生藤、角藤、佳藤木の五八種。
藤の名字は、松に次いで多い。五月初めごろ美しい藤色の花房を垂れ下がらせるつる性樹木で、他のものにからみついて上へと伸び、樹木の生育を阻害するので嫌われる。藤のつく姓は、天皇家と親戚の藤原氏との所縁（ゆかり）があることを示すためのものだという説がある。奈良の春日大社は藤原氏の守神なので、神苑にはたくさんの藤があり、樹木にからみついたり枝を垂らすなど、自然のままの藤の姿が観察できる。

◎榎（えのき）の名字は、榎*、榎本*、榎嶋、榎地、榎木津、榎枝、榎峪、榎木谷、榎袋、榎坂、榎阪、榎井、榎園、榎薗、榎原、榎田、榎並、榎室、榎生、榎崎、榎沢、榎南、榎内、榎平、榎屋、大榎、高榎の二七種。

江戸時代に主要街道に造成された一里塚の標識用に植えられた。大木に育つが、木材としての用途はほとんどなく、薪として燃料にされる。

◎桑（くわ）〔桒〕の名字は、桑原*、桑山*、桑名*、桑島、桑高、桑添、桑野、桑口、桑村、桑元、桑流水、桑鶴、桑井、桑折、桑代、桑間、桑重、桑原田、桑内、桑森、桒原、桒島、高桑*、佐桒、目桑、光桑野、大桑の二七種。

桑の葉は、優良繊維の絹糸をつくり出す蚕（かいこ）の唯一の食べものなので、養蚕（ようさん）用として、重要な樹木である。山に生育する山桑は、工芸用材として珍重された。

◎柳（やなぎ）〔栁〕の名字は、柳*、柳瀬*、柳田*、柳原*、柳川*、柳沼*、柳沢*、柳谷*、柳井*、柳尾、柳下、柳内、柳幸、柳生、栁楽、栁生、栁瀬、高柳*、一柳、花柳、青柳、澤柳、黒柳、岩柳、佐柳、上柳、大柳の二七種。

江戸時代には「稲は柳に生ず」といわれ、稲作に欠くことのできない水を生む樹木として、水口祭などに際して水田の水の取り入れ口に挿し、祀られた。この木の成分をもとにして、アスピリンがドイツで合成され、医療に大きく貢献している。

◎梅（うめ）〔楳〕の名字は、梅津*、梅野*、梅本*、梅原*、梅田*、梅崎*、梅沢*、梅村*、梅岡、梅埜、梅島、梅林、梅澤、梅川、梅園、梅山、梅森、梅、梅屋、楳田の二〇種。

梅は真冬の雪がふる時期に馥郁（ふくいく）とした花を咲かせるので花の兄といわれ、梅雨の時期に果実を熟させる。梅の実から、梅干しがつくられる。松竹梅として縁起のいい樹木とされ、祝儀の儀式などに用いられる。

◎梶（かじ）の名字は、梶*、梶原*、梶山*、梶田*、梶本*、梶川*、梶井、梶並、梶島、梶浦、梶元、梶村、梶居、梶上、梶森、梶岡、梶塚の一七種。

梶とは和紙の原料とされるカジノキのことで、このカジノキとヒメコウゾとの雑種が和紙に漉かれるコウゾである。平安時代あたりまではカジノキとコウゾを明確に区別していなかった。

◎栗（くり）の名字は、栗原*、栗栖*、栗林*、栗田*、栗本*、栗山*、栗下、栗屋、栗岡、栗谷、栗、栗坪、栗木、栗尾、大栗、小栗栖の一六種。

栗の実は縄文時代から日本人の食料として重要な地位を占めていたが、稲作の登場によりその地位は相対的に低下した。現在は菓子原料や、季節ものとして風味を喜ばれている。その材は堅く、水湿に耐えるので台所の建築材として、鉄道の枕木として重用されてきた。

◎萩(はぎ)の名字は、*萩原、萩沢、萩谷、萩、萩生田、萩庭、萩澤、萩家、萩尾、矢萩、赤萩、西萩の一二種。

萩は秋の七草の一つとして数えられており、里山に生育する草丈の低い樹木である。牛馬が好んで食べるので、重要な飼料とされてきた。

◎柿(かき)の名字は、*柿本、*柿崎、*柿沼、柿畑、柿木、柿花、柿村、柿田、柿坂、柿内、柿谷の一一種。

柿は日本古来からの果実として知られ、平安期には菓子として用いられ、とくに干し柿の表面にできる白い物質は甘いので、甘味料として珍重された。

◎柏(かしわ)の名字は、*柏、*柏木、*柏倉、*柏原、柏井、柏瀬、柏村、柏岡、柏野、柏内、赤柏の一一種。

柏はナラ属の落葉高木で、大きな葉は柏餅といわれるように食物を包むのに使う。材は薪炭にされ、樹皮は染料とされる。

◎桜(さくら)〔櫻〕の名字は、*桜井、*桜木、*桜田、桜本、桜、櫻井、櫻木、櫻内、櫻澤、櫻谷の一〇種。

現在の日本人は樹木の花といえば桜のことをいうと考えがちであるが、それは明治後期から昭和初期にかけて軍国主義の政策をとった政府の宣伝によるものが大きい。明治初期は、桜の花は苗代へのもみ撒き時期を知らせてくれる季節の花にすぎなかった。多数の園芸種があり、材は堅く敷居や版木に用いられる。

◎桐（きり）の名字は、桐山*、桐原*、桐木、桐村、片桐、桐生、桐野、小田桐、中桐の九種。

日本に産する樹木のなかでもっとも軽い木材であるが、緻密で艶があり、狂いがないため、器具材、箱材などに用いられる。和琴はこの材でつくられる。燃えにくいため、金庫の内張りに用いられたり、島根県の松江城では天守の梯子段に用いられている。

◎葛（くず）〔葛〕の名字は、葛西、葛野、葛籠、葛原、葛岡の五種。

葛はマメ科の大形つる性樹木で、山野に多く、秋の七草の一つである。根は生薬とされ、デンプン（葛粉）をとる。繁殖力が旺盛で、いったん侵入されると完全除去は困難をきわめる。

◎楢（なら）〔楢〕の名字は、楢崎、楢原、楢村、楢本の四種。

楢はコナラの別称で、やや乾燥した二次林（原生林が伐採や災害によって破壊された後に再生した森林）に多く生育し、雑木林をつくる。薪炭材で、椎茸の原木とされる。

◎梨（なし）の名字は、梨本、梨木、山梨、高梨の四種。

梨は、わが国原産の木と中国渡来の木とそれぞれ別々に、わが国で原種から改良された果樹で、果実は大形で球形、食用とされる。宮中では「ありのみ」といわれた。

◎椋（むく）の名字は、椋、椋木、椋代、小椋の四種。

ニレ科の落葉高木、葉はざらざらしていて物を磨くのに用いる。核果は食用で子どものおやつとなり、材は器具材とされる。

◎漆（うるし）の名字は、漆畑、漆島、漆谷、漆原の四種。

漆は中央アジア原産の樹木で、樹皮を傷つけ採取したものが漆液で、塗料や接着剤として活用された。

◎栃（とち）〔橡〕の名字は、栃倉、栃原、栃木、橡木の四種。

栩（とち）の名字は、栩、栩木の二種。

杼（とち）の名字は、杼元の一種。

栃も栩も杼もトチノキのことで、種子をあく抜きをして澱粉をとり、栃餅や栃粥をつくる。大木に生長し、森のヌシともいわれ、果実は飢饉対策に長年保存される。

◎卯之木（うのき）の名字は、卯坂、卯野、卯之木の三種。

卯之木はウツギのことで、卯の花垣として生垣に使われる。

◎桂（かつら）の名字は、桂、桂楠、桂木の三種。

桂はわが国の特産樹木で、葉の形はハート形である。材は腐朽しにくく、船材、建築・器具材とされる。

◎桃（もも）の名字は、桃原、桃里の二種。

古い時代に中国から渡来した果樹で、果実には邪気を払う力があるとされる。果実は食用、仁と葉は薬用、花は美しく観賞される。

◎檀（まゆみ）の名字は、檀、檀原の二種。
檀は真弓とも書かれ、おもに弓の材料とされたからこの名がある。秋に熟した果実から出る赤い種子が美しいので、庭木とされる。

◎槻（つき）の名字は、槻木、大槻の二種。
槻はケヤキの古名である。山地に生育しているが、関東平野では屋敷林の主木として多い。材は建築・器具材とされる。

◎棗（なつめ）の名字は、棗、夏目の二種。
中国原産の果樹で、果実は食用とされ、材は細工物とされる。

◎榛（はしばみ）の名字は、榛、榛葉の二種。
榛はカバノキ科の落葉低木で、果実は食用とされる。

◎梓（あずさ）の名字は、梓沢の一種。

梓はキササゲの別称ともヨグソミネバリの別称ともいわれる。梓弓と呼ばれるように、弓の材とされた。

◎李（すもも）（「り」とも読む）の名字は、李一種。

古い時代に中国から渡来した果樹で、白い花を開き、果実は桃に似ているが小さく、酸味がある。

◎槐（えんじゅ）の名字は、槐の一種。

槐は中国原産のマメ科の落葉高木、材は建築・器具用材とされる。黄色で蝶形の花も果実も、薬用とされる。

◎楡（にれ）〔楡〕の名字は、楡の一種。

楡はニレ属の樹木の総称で、材は建築・器具用材とされ、樹皮は利尿・去痰（きょたん）剤とする。

◎椛（かば）の名字は、椛沢の一種。

椛はふつう樺と記され、シラカバの古名といわれる。

◎胡桃（くるみ）の名字は、胡桃沢の一種。
胡桃はクルミ科クルミ属の樹木の総称とともにその食用果実名でもある。材は種々の器材に、樹皮・果皮は染料に、種子は食用とされ、油が絞られる。
◎蔦（つた）の名字は、蔦の一種。
蔦はつる性木本の総称であるが、とくにブドウ科の落葉つる性木本をいう。他のものにからみつき登っていく。秋の紅葉が美しい。
◎水木（みずき）の名字は、水木の一種。
早春の芽吹きのとき、地中から大量の水を吸い上げるので有名。材は軟らかく緻密なので細工物に使われる。庭木として植えられる。
◎杜（もり）の名字は、杜の一種。
杜は樹木名ではなく、神社のある地の木立のことである。

◎茨（いばら）の名字は、茨木の一種。
茨は野生のバラ類の総称で、茨垣として生垣にされる。

◎沙羅（さら）の名字は、沙羅の一種。
沙羅はナツツバキの別称で、夏に白い大きな花を開くが、開花間もなく散る。庭木とされる。

## 近世の人びとと樹木の交わり

樹木名の名字で、一番種類の多かったのは松で六三種であった。弥生時代からの里山との交流や、庭園の植栽木として、いつの時代でも人びとのまわりに存在しており、神が宿ることができる樹木であると神聖視されると同時に、住居の建築や橋や杭などの土木用としても活躍し、すこぶる優良な樹木として認識されてきたためであろう。

二番目は以外にも藤が五七種を数えた。藤は花の時期こそ美しいが、つる性という茎（幹）の性質から、他の樹木にからみついて梢までのぼり、樹冠で繁茂してその木の生育を阻害するので、嫌われものである。なぜこれほどの種類があるのかと考えると、皇室と深い関わりをもち、権力を掌握している藤原氏にわずかでもあやかりたいと、民衆は切なる願いをもって名字をつけたからであるにちがいない。

四季のある日本では、四季を示す樹木として木偏に春夏秋冬を添わせて、中国の字を借りたり、国字と呼ばれるわが国でつくった漢字がある。春を示すには椿で、春の花としては数少ない真っ赤な花をつけ、緑の葉と調和して春の花の華やかさを醸し出している。

夏の字の木は榎で、冬は落葉するが、夏にはびっしりとつけた葉が繁りあい、夏緑樹として、旺盛な生育ぶりを目立たせている。秋の樹木は残念ながら木偏ではなく、草冠である。萩は草丈が短く、根元からびっしりと葉をつけ、株立姿なので昔の人は草の種類だとみて、秋に草冠を与えたのであろう。冬の木は柊で、葉っぱは鋸歯で先は鋭い刺となっている。節分の夜、この枝に鰯の頭をつけて門戸にさして悪鬼を払う風習がある。

その四季の樹木も、全部名字として使われている。

近世の人びとは元気で働くため、病気を治す薬を、手近なところに存在する草木に求めた。現在では民間薬と呼ばれているが、即効性は期待できないものの、副作用のないすぐれた薬であった。最後に、栗原愛塔著『実用の薬草』（昭和出版社　一九七二）と読売新聞社編『漢方あれこれ』（浪速社　一九六六）から、民間薬として用いられていた樹木を紹介する。

松は、松林の中で働くと呼吸器の病にはならないとされており、かつては死の病といわれた結核治療のサナトリウムは松林の中につくられていた。また松葉でつくった松葉酒は、リュウマチ、低血圧、不眠症、食欲不振に効があった。

栢(かや)の果実の殻皮（外皮）を蒸して取り出した種子は、さなだ虫駆除の良薬とされ、回虫にもよく効いた。萩の根を掘り採り乾燥したものは、のぼせ、めまいのとき使われた。

桃の新鮮な白い花は下剤とされ、汗疹(あせも)やでき物があるときは葉っぱを煎じて洗浴させる。葛の根には発汗・解熱の効があるので、風邪薬とされた。

桑の実でつくる桑酒は強壮剤となり、桑の根は痰・咳・ぜんそく・脚気(かっけ)などに用いられた。茨の一つであるサルトリイバラの根は、利尿剤とされた。ノイバラの果実は下剤とされた。棗(なつめ)の実は、滋養強壮剤である。椿の花は陰干しにして、利尿剤とし、また吐血や血便、血尿を止めるのに使われた。

ネコヤナギの樹皮を煎じて、解熱と鎮痛薬として使った。青木の生の葉はそのままで、でき物や火傷に使い、すりつぶすと消炎、殺菌作用があり、痛み止めとなり、化膿するのを防いだ。胃腸薬の陀羅尼(だらに)介(すけ)や百草丸(ひゃくそうがん)などには、青木を煎じたものが材料の一つとされている。

梅の実を塩漬けにした梅干しは、食物の腐敗防止となり、殺菌効果がある。また未熟な梅の実を燻製にした烏梅(うばい)は現在も漢方薬として、胃病や慢性下痢に使われる。

樫の仲間のウラジロガシの葉を煎じたものは、腎石や胆石に効がある。槐(えんじゅ)の蕾は、痔の出血、生理過多、血便などの出血を止める。

柿渋は中風に、柿のへたは寝小便や百日咳に使う。柿の葉茶は虚弱質に効き、干し柿の表面にできる白い粉は咳止めに効く。桜の樹皮は煎じて湿疹などの皮膚の炎症を治し、また咳止めとされる。李の根皮は心悸亢進（動悸がひどくなる症状）、不整脈などに使い、種子の仁は主として咳止めとされる。

枇杷の葉はビワの葉茶として暑気あたりを避ける飲料とし、万病に効ありとして煎じて飲む。蓄膿症にも用いる。楡の樹皮は利尿剤や痰とりの薬とされる。橘の一つ蜜柑の果皮を乾燥したものを陳皮といい、風邪、すべての喉の病気、咳止め、発汗、健胃、心悸亢進などに用いる。

栗の葉を煎じて漆かぶれや草負けに用いる。栃は樹皮を煎じて婦人病、痔の出血に用い、解熱にも効果がある。また陰干しの葉は下痢、胃病に塩湯で飲むと効がある。檀の枝を黒焼きにして粉にし、飯粒に混ぜてよく練り、トゲの刺さったところに塗るとトゲが抜ける。木通の蔓を乾燥し煎じて飲むと利尿剤となり、腎臓病、浮腫、通経、眼疾に効あり。白樺は樹皮を乾燥し、煎じて飲めば神経痛に効あり、また茸中毒を消すという。また煎じた汁を腫物に塗ればよく治る。

本章では樹木に関わる名字についてみてきたが、名字は地名からきているとの説もある。樹木と地名はどう関わっているのか調べてみるのも面白いだろう。今後の課題としたい。

# 第十章

# 日本人の生活習俗と樹木

わが国の数ある樹木のなかで、特定の樹木を目出度いもの、神が宿ることのできる神聖な木とするのは、日本特有の習俗である。『万葉集』に「実ならぬ木には神ぞつくとふ」とあり、実のならない常緑樹は神が宿ることができる神聖な木としている。マツがその代表格であるが、そこから目出度いものとすることが導き出された。

また大風から家屋敷を守るため、周囲に樹木を植え育成し、小さな森を各地で造成している。平野の中の屋敷林は、小さな宇宙であり、その森に囲まれた家は、遠くの山々の中の森と同じような働きをし、自給自足の態勢がとられるようになっていった。

## 門松

マツの葉っぱは一年中青々としているので、生々発展を意味しているとされ、それが目出度さと連なり、上代からマツは最も尊崇された神木であった。さらに松は魔を払い、幸福を招く樹木といわれてきた。新しい年を迎えるに当たって、家の門に祝の松を立てて、正月に訪れる年神を迎え、長寿を祈ることが現在でも行なわれている。その風習は今から約八四〇年前から行なわれていたことが、平安時代末期の嘉応元年（一一六九）に後白河法皇が撰んだ『梁塵秘抄（りょうじんひしょう）』の次の歌からわかる。

新年春くれば

門(かど)に松こそたてりけり
松は祝のもののなれば
君が命ぞながからん

新年に神を迎える門松をどんな人たちが立てたのかについては、後鳥羽上皇の久安(きゅうあん)年間（一一四五〜五〇）に成立した『久安百首』に収められた待賢門院堀川の歌が明らかにしている。

山賤(やましず)のそともの松もたてりけり
ちとせをいわふ春の迎ひに

賤とは身分の低い者のことをいい、千年を祝う春を迎えるため外面に門松が立てられたというのである。賤が門松ともいわれ門松は、はじめは下層の者が立てるものであった。禁裏や公家にはこの風習はなく、始まりは庶民からである。現在でも皇居では門松は立てないしきたりであり、二重橋にも坂下門にもない。

正月に立てる門松は、正月早々われわれの所に訪れる年神様が下られる道しるべ・目印となるものなので、年内に用意した。

根引き松と呼ばれる京都の門松

都会では年の市で松の小枝を買い求め、農家では裏山から松の若木を伐り出してきた。この行事は松迎(まつむかえ)ともいわれる。

門松を立てる様式も様々なものがあって、地方ごとに異なるといっていい。普通に見られるものは、門口の両側に心柱を立て、マツを結びつけたものである。根っこから引き抜いた小松一本を門の柱に括りつけるところもある。二本のマツの間にしめ縄か横木を張り、シダ、カズノコ、ダイダイ、昆布などを飾るものもある。芯になる木一本に、マツとササを結んで下に割木を添え、笹竹にしめ縄を飾った形のものもある。

歌舞伎座（東京都中央区）の門松

大正初期に撮影された門松

中央に孟宗竹三本をおき、その上部を節から切るか、あるいは斜め切りして、切り口を前にして格好良く、その周囲をマツで囲むものもある。門松の根元を薪で囲んだものもあるが、火というエネルギーを生み出す燃料を、一年中十分に賜ることができるようにと祈るものである。

日本中に門松を立てるようになったのは、明治二十六年（一八九三）に発表された文部省唱歌『一月一日』のせいで、全国の小学生が「年の始めの例（ためし）とて　終（おわり）なき世のめでたさを　松竹（まつたけ）たてて門ごとに　祝（いお）う今日こそ楽しけれ」と歌ったことから、ほぼ全国共通のスタイルができあがったという説がある。

門松のように正月に飾られることはないが、スギはマツ、クスとともに三大神木とされている。スギを神木とするのは、わが国独自の考え方である。高々とそそり立つ大木のスギは、神が天降られる木とされている。水の流れる谷間や窪地にある大木のスギは、稲作に必要な水を絶えることなく供給してくれる樹木として信仰されてきた。奈良県桜井市の大神（おおみわ）神社の神杉、春日大社の神杉をはじめ、村の鎮守の祠にも、スギを神木とする神社は数多い。

## 松竹梅

マツと竹とウメという三種の植物の組み合わせは、目出度いものとして、絵画・工芸や吉事に用いられている。この三種の植物の組合せは、中国が発祥である。しかしながら、中国でのこの三種の組み合わせには目出度いという意味はない。マツと竹は雪や霜の寒い冬が来ても決して萎れず、瑞々しい緑の葉を保っている。ウメは氷雪が凍りついている状態の葉もない細い枝から、馥郁とした香りのある花を開き春の到来を告げる。年の初めに花を開くところから、ウメは「花の兄」ともいわれる。ちなみに、「花の弟」とは、秋に咲く菊のことである。中国では、この三種の植物の節操を賞して「歳寒の三友」という。形の上でも色彩の上でも美しく面白いところから、やがて詩の題になり、染め物、彫刻の図柄となり、もてはやされた。

歳寒の三友がわが国に伝わったのは鎌倉時代で、はじめは墨絵として描かれた。この時点では目出度い組み合わせとはされていなかった。中国では目出度いことなどに、奇数を用いない。中国では三月とか五月は悪月で、その月にすべての災厄が最も集中的に訪れる月であるから、それを防ぐ処置をする月である。そこから三月の節句、五月の節句が起こったといわれる。

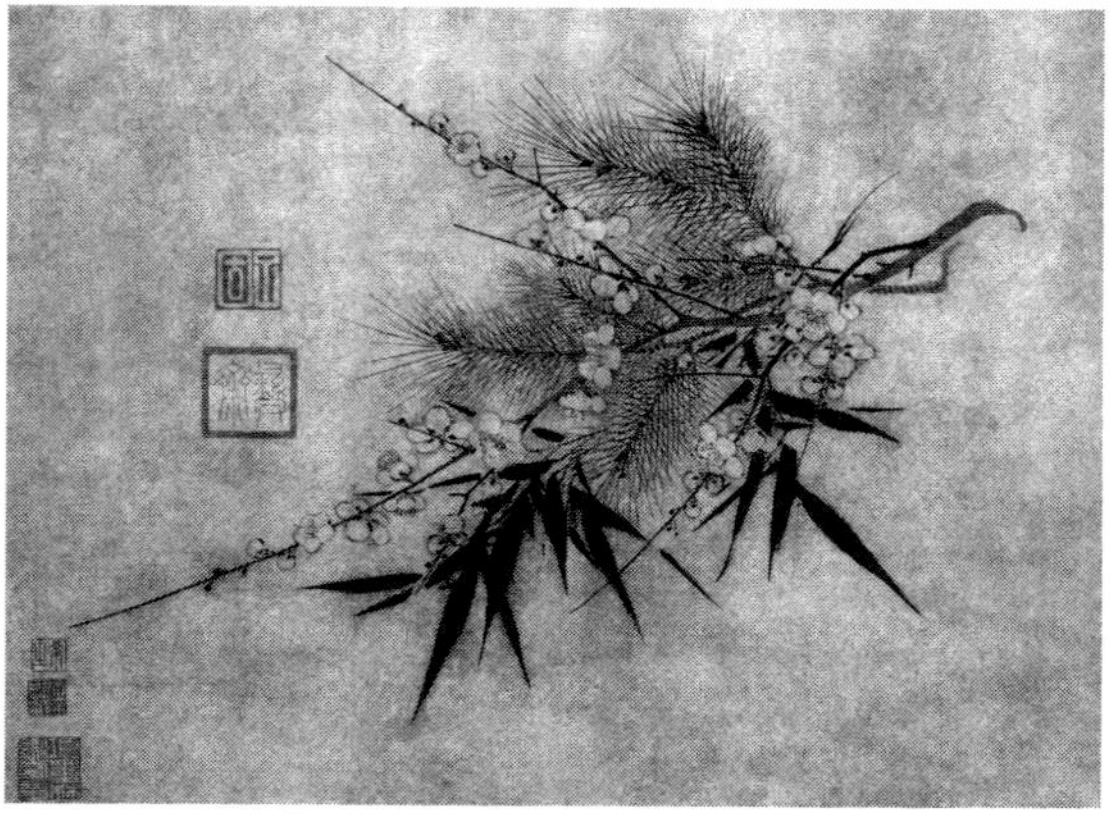

このマツ・竹・ウメという三種の組み合わせを、目出度いとみるのは日本で発生した習俗である。わ

趙孟堅『歳寒三友図』宋時代　台北故宮博物院

が国では七・五・三を陽数とし、これを目出度いと考える。松竹梅という、異質なものの三種組み合わせを、目出度いとして飾るのはこのような民俗思想から出発している。この民俗思想も、松竹梅の形態美、色彩美、さらにこれにともなう感情とが融合して松竹梅の目出度さを生み出したとも考えられている。

この民俗は、わが国の門松の変遷等から推察して、江戸時代以降のものと考えられている。正月の門松は平安時代後期からで、はじめはマツだけを門口に飾っていたが、鎌倉から室町時代に竹が添えられ、さらに江戸時代にウメが添えられるようになった。

松竹梅が目出度いとされる縁起を、元禄十年（一六九七）に著された『年中故事』は、次のように意味付けしている。「松は霜雪に疼かず、常盤の色を顕して、聖人と忠臣義士にたとへ」、「竹は直なるを最上」、「梅は諸木に甲たる花にて、実は清廉の味ありて、いかなる時もその味を変ぜず」。つまり武士階級をはじめ一般民衆にも、徳川幕府の政策の朱子学が、松の常盤、竹の節操、梅の凛烈などという思想と結びついて考えられていたのである。

## 屋敷林

わが国の村里では、ほとんどの農家の屋敷は周囲に樹木を植えていた。冬の季節風、台風、周辺の山から吹き下ろす山風など、強風での住居の損壊を防ぎ、さらに樹林によって住居周辺の微気象を調整していた。

屋敷林をもつ代表的な地域は、宮城県仙台平野、栃木県那須野原、群馬県赤城山麓、関東地方武蔵野、長野県安曇野、静岡県富士山東南麓、富山県砺波平野、島根県出雲平野、高知県室戸岬・足摺岬、南西諸島などである。また小規模で不規則な地域風のあたる地域にも、屋敷林をもつところがかなりの数にのぼる。

仙台平野の広い水田のなかに、島のように点在している小さな森がイグネと呼ばれる屋敷林である。この小さな森は約四〇〇年前から奥羽山脈より吹き付ける強風から、さえぎるもののない平野に建てられた家を守るために、一本一本植えられたもので、現在も人びとに守り継がれている。

イグネに植えられている樹木は、地域によって異なるが、スギを主体とするところが多い。イグネ内の木々には、スギ、ケヤキ、クリ、ナラ、エゴノキ、ヤブツバキ、ミズキ、エノキ、ヤマモミジ、カスミザクラ、ホオノキ、アオキ、ムラサキシキブ、アケビ等がみられる。昔、伊達藩は冷害や災害に備えるため屋敷に果樹を植えることを奨励したので、屋敷林にはクルミ、クリ、ウメ、カキ等の果樹のほかウコギ、アケビ、サンショウ、タラノキ等の食用となる低木がみられる。

屋敷林の役目として、燃料革命以前は落葉や落枝は重要な燃料資源だった。自然に落ちる枝葉だけで台所と風呂の燃料は年間を通じて賄うことができた。また落葉は堆肥の材料となり、枝を焼いた灰も貴重なカリ肥料となった。屋敷林に多く植えられるスギは家の修理用材となり、間伐材は稲を乾燥させる稲架木(はざぎ)とされた。

屋敷林はその家の格を表すシンボルとみなされ、「イグネを売ったからあの家も終いだ」等といわれた。その昔、婚姻の組み合わせも屋敷林の大きさなどで考えられたとのことである。

砺波平野のカイニョ

富山県砺波(となみ)平野は典型的な散村で一軒一軒が、小さな樹林に囲まれる。一年を通じて西風が卓越するので、カイニョ(屋敷林)の配置は、一般に南側から西側にかけて高く、厚くなっている。砺波平野の屋敷林は、水を好むスギが主体で、高木層ではケヤキ、アテ(アスナロ)、アカマツ、カキ、ヒノキ、サワラ、クリ、クロマツ、カシ類、モミである。一戸に植えられている樹種は一種から一四種で平均六種程度である。

スギはよく育ち、防風効果もあり、落葉や小枝はよい燃料となり、冬の暖房には欠かせなかった。材は建築用材等、用途が多いため最もたくさん植えられた。ヒバ、ヒノキは柱材や戸の桟に利用された。強風や洪水を防ぐのに役立つ竹はマダケ、モウソウ、ハチク、ヤダケ、メダケで、食料や建築材料、生活用具、農業資材等に広く利用し、春にはタケノコを食べ、その皮でおにぎりを包み、草履（ぞうり）なども作った。

果樹は東面から南面にかけてカキ、クリ、ウメ、グミ、アンズ、ナシ、スモモ、ザクロ、コウメ等が入り、北面にはイチジク、ビワ等を植えている。カキは子どもたちの間食になくてはならないもので、シブガキは干し柿を作り、単調になりがちな冬の食生活の足しにした。正月の鏡餅にのせるものも必要であった。ウメの実は梅干しにし、農作業の弁当や夏場のご飯の腐敗防止に利用した。

カイニョの林床には自然に侵入あるいは意図的に植えた薬草や山菜が育つ。ウド、フキ、セリ、タラの芽、ミョウガ、ヨモギ、ヨメナ等は季節の食膳をにぎわした。

カイニョのある家は子どもたちの格好の遊び場であった。木登り、木に縄をかけただけのブランコ、かくれんぼ、缶けり、スギ鉄砲等。木や花に集まってくるトンボ、チョウ、セミ、カブトムシ等の昆虫採取もあった。

このように屋敷林を含む平野全体が人びとの暮らしと結びついていた。そのため屋敷林は大切に守られ、よほどのことがない限り伐られることはなかった。屋敷林そのものがその家の富と家格の象徴でもあった。「高（たか）（土地）は売ってもカイニョ（屋敷林）は売るな」といわれ、大きな屋敷林に住む人の自慢

出雲平野の築地松

でもあった。

屋敷周りに植えられた年数を経た黒松が屏風のように整然としている風格で、その家の格が決まるといわれ、縁組の時もあの家とこの家の松は釣り合うなどと評価されるのが、島根県出雲平野に広がる築地松（ついじまつ）である。

住居よりはるかに高くまで生長した黒松が、定規で計ったような直線で区切られており、この地方独特の景観をつくり上げている。出雲平野を形成した斐伊川（ひいかわ）は、寛永十六年（一六三九）に大洪水をおこして日本海に注いでいた河口部を埋めつくし、流路を宍道湖へと変えた。松江藩はこの沖積地を水田に開拓していった。

新規開拓水田に移り住んだ農民は、自然堤防などの微高地に住居をかまえたが、低湿地のため屋敷の周囲に築地（土手）をつくり、その補強と冬季の北西からの季節風を防ぐため、黒松を植えた。はじめは地主層の屋敷だけであったが、明治維新あたりからほとんどの農家で植えられるようになり、出雲平野に散居する家々が持つようになり、独特の風景となったのである。

築地松から毎年の秋に落ちる松葉や、剪定（せんてい）する枝は、山をもたない平野のただ中の農家にとって貴重な燃料であった。しかし、家庭燃料がガス化してから、松葉や枝はゴミと化したのである。築地松は歴史的遺産であるが、マツノザイセンチュウ（松の材線虫）の被害による松枯れ、剪定にかかる莫大な費用負担と職人の減少などで、維持保存には大きな問題が生まれている。

## 食と樹木

樹木と食の関わりは、木の実食である。大粒の実ができるクリは、縄文時代には主食であった。約九四〇〇年前の滋賀県大津市の粟津湖底遺跡から、分厚い層をなしているクリ塚が発掘されている。また約五五〇〇〜四〇〇〇年前の青森県青森市の三内丸山遺跡では、集落周辺の植生はクリ純林であったことが分かっている。渋抜きをしなくても食べられるクリの実は貴重な食料であった。しかし、弥生時代に水田稲作が開始され、クリの食料としての地位は低下し、現代では菓子等の間食用となった。

また大木のため一本の木から大量の種子が採取されるトチノキだが、一年を通じて食べるだけの量が確保できないうえ、手間暇かけてアク抜きをしなければ食べられないという欠点があり、こちらも主食の地位を得ることができず、補助食品の地位のままである。

現在盛んに食べられる樹木は、若芽を山菜とするタラの芽である。食用として販売もされている。タラノキは日本各地に分布し、パイオニア的樹木で、林道脇などの日当たりのよい山地に生える。タラノキの若芽がタラの芽で、独特のコクと軽い苦みがあっておいしく、山菜の王様と呼ばれる。採取は頂芽のみが対象で、側芽まで採ってしまうとその枝は枯れてしまう。スーパー等で売られているタラの芽は、天然ものではなく、専用に栽培されたものである。

新芽はおろか若葉もつぼみも、果実まで食べる樹木にサンショウがある。日本では古くから親しまれている香辛料であり、果実には健胃や強壮にも効がある薬木でもある。

熟してはぜた果実の皮の部分を粉にしたものが、ウナギのかば焼きにかけられる粉山椒である。若芽は暖地では三月から出始めるが、ふつうは四、五月ごろ出る。若芽は「木の芽」と呼ばれ、和え物や奴豆腐に乗せられたりする。また甘味噌にすり込んだ山椒味噌は、コンニャクやサトイモの田楽にまぶすと、日本固有の味となる。

サンショウの木は、材質が堅く、ほのかによい匂いがするので、すりこ木の材料として有名である。

食べものを包む木の葉っぱがある。寿司をカキの葉で包んだものが、柿の葉寿司である。カキの葉には殺菌効果があるといわれ、カキの葉で包むことにより数日程度の保存ができる。奈良・和歌山県の柿の葉寿司は、一口大の酢飯に鯖や鮭等の切り身と合わせ、カキの葉で包んで押しをかけた寿司である。

カキの葉は通常食べない。

塩漬けしたサクラの葉で餅菓子を包んだものが、桜餅である。桜餅には、京の和菓子の流れに沿う道明寺（関西風）と、江戸で生み出され町人に広まった長命寺（関東風）の、二種がある。長命寺は小麦粉等の生地を焼いた皮で餡を巻いたクレープ風の餅を、サクラの葉っぱで巻いてある。道明寺は道明寺粉で皮をつくり餡を包んだまんじゅう状の餅を、サクラの葉っぱでまいてある。

わが国の数多い樹木の中でも、ホオノキは目立つほど大きな葉っぱをつける。ホオノキの生葉は水をはじく性質があり、さらに良い香りをもっている。これを利用して、食物を包んだり、皿や朴葉焼などに用いた。朴葉を田植え時の昼飯の包に使う風習も全国的に残っている。また端午の節句の柏餅を朴葉で包む風習もある。

食具の箸の材利用の樹木は、スギ、ヤナギ、マツ、ポプラ、ヒノキ、竹、ナンテンなどである。スギからポプラまでの材は色が白色であり、他の色に染まっていないので清浄なものとみられ、また匂いもうすいため食物の匂いを圧することがないので、よく用いられるのである。

長年にわたって保護されてきた屋敷林も、行政的区画整理、家の改築・建て増し、自家用車の駐車場造成などで、減少傾向にある。自然食品の人気が上がっているが、山菜となる樹木の新芽は供給量の少なさで、市場に出回ることはあまりない。

日本人は森の民といっていいほど物質的にも精神的にも、森林や樹木と深い関わりをもち続けてきた。森林や樹木と触れあうことの極めて少ないコンクリートの建物だらけの都会の幼少年齢者に、自然との触れあいの教育をすることは林業者の大切な仕事の一つであろうと思う。

# あとがき

本書の中味はまことに雑多なまとまりのないものとなった。

雑誌などに掲載されたものは、第四章 ナノハナ（『小原流挿花』二〇一四年三月号、「菜の花の文化史」改題）、第八章 気比の松原とマツタケ（日本森林技術協会『森林技術』二〇一七年三月号）、第十章 日本人の生活習俗と樹木（日本緑化センター『グリーン・エイジ』二〇一六年七月号、「人と樹木の民俗世界」改題）という三編で、いずれも大幅な加筆を行なった。他の七編は新規に書いたものである。

共通点をさがすと、秋に果実が熟するつる性の樹木の「アケビ」と「ムベ」、世界的にも紙質が評価されている和紙を漉く原料の「ガンピ」と「ミツマタ」、春の野や畑を彩る美しい草本の「アザミ」と「ナノハナ」の三組である。「トチノキ」と「樹木の名字」はそれぞれ独立したものとなっている。

国有林の現場で植林の仕事をしていたときは、担当の国有林にはほとんど毎日出かけていた。植林してから数年は下刈りといって、植林木の生長に影響する雑草や樹木の若芽は刈りはらっていた。植林してから五、六年経ってスギやヒノキが生長し、雑草等の植生層から抜け出すと、下刈りを終了した。その後、およそ一五年の間は人手を掛けることはなかった。

一五年目くらいになると、植林木の間の広葉樹が勢いよく生長してきて、植林木の生長を圧迫し始めるので、除伐といってスギやヒノキ以外の広葉樹を伐採していった。植林地では、毎年こんな仕事があったのである。

筆者が担当していた国有林は島根県の中ほどに位置し、山陽側の山を源流として、中国山地を横断して日本海に注ぐ江(ごう)の川の中流域の村にあった。木炭生産が盛んであった島根県の里山では、秋になってもアケビの実を見ることもなかった。植林地では植林木にまきつく蔓類は、見つけ次第、切断していた。大阪の本局に替わり森林計画を立てる仕事となって、現地の国有林を調査のため歩いたが、山では食べられる木の実や葉っぱはよく口にした。スノキの葉っぱや果実、ナツハゼの黒く熟れた果実はおいしかった。

また中国山地の稜線部を歩いたときは、ちょうどチシマザサの筍の出る時期に当たっていたので、歩きながら筍を折り取って皮を剝き、そのまま生でかじった。エグ味はまったくなく甘くておいしかった。また崩壊地や林道の法面(のりめん)に、よく肥えた山ウドが生えていた。これもその場で皮を剝いて食べたが、なかなかのものであった。

中国山地の奥地の国有林では、谷間にトチノキの大木があったが、実の落ちる時期でなく、拾うことはできなかった。案内してくれた担当区事務所長の話では、それぞれのトチノキごとに、その実は拾う人が特定されているようであった。

あれほど山を歩いたのに、アケビの実にもムベの実にも行きあたることはなかった。

今年の秋、近くのスーパーマーケットで、青紫色の大きなムベの実が三個、パックに入って陳列されていた。アケビとの説明がついていたが、どこにも裂けめは見られなかったので、ムベに間違いない。スーパーでムベを見るのは初めてであった。本文で記したように、どこかで商品としてムベの栽培に取り組んでいる農家があるのだろう。もしかして、本文に記した滋賀県近江八幡市のものかも知れない。

ムベは別にトキワアケビともいうので、スーパーの札がマチガイと一概にいえないので、店の人になにも声を掛けず帰宅した。アケビも商品用に栽培しているところもあるので、都市に住んでいる読者の方は、見かけることがあると思う。

近畿地方はガンピの生育地域となっているので、筆者の家から見える奈良県境の低い山波にも、たぶん生えているだろう。しかし、どのあたりにあるのかわからないまま、山をうろついても見つからない心配がある。そこでかつて自分の目でガンピの生えているところを見た滋賀県湖南の、いわゆる田上山（たながみやま）地域にあたり、一般の人が自由に山に入り込める滋賀森林管理署管理の自然休養林の一丈野（いちじょうの）国有林にカメラを持って出かけた。三年前に小学六年生の孫娘とその友達と三人で登ったとき、お昼弁当を食べたところに生えていたガンピを撮影するためであった。

野営場から谷筋につけられた遊歩道の登り口で、はやくも主幹が折れたガンピを一本を見つけた。そこから一〇〇メートルも歩かない間に、歩道の両側で何本かのガンピを見つけられた。弁当を食べた所に行くと、そこは谷川がすこし広くなっていて、中洲状に砂が堆積しており、まん中に大きな石が座っていた。よくよく見ると、その中洲の砂地に生えている木のほとんどはガンピであった。

ひょろりと二〇センチほど伸びた茎に、葉っぱがついており、枝一本もない苗もあった。多分この春芽生えたものなのだろう。砂地なので肥料分はほとんどないが、陽光は一〇〇％当たる場所だった。谷川の中洲なので、水分はある。ガンピの栽培は難しいといわれているが、この中洲のような条件をつくりだせば、栽培は可能なのだろうと思った。

そこから引き返す途中に、高さ三メートルくらいに生長したガンピを何本か見つけた。登るときは見えなかったが、見る位置が変わったので、見つけることができたのだ。物事は一方からでなく、見方や見る位置を変えよとよく言われるが、本当にそうだと納得したものである。この自然休養林は、四〇年以上も植生に手を付けていないので、やせ山ながら少しずつ生長し、限界近くまで大きくなったものであろう。そのとき見た最大のガンピは、根元から三〇センチあたりの幹の直径は目測で四センチ、木の高さ三メートルくらいであった。生育条件のよいところでは、この大きさに育つには一七、八年だとされているので、やはりこの山の地味はやせているのである。

ナノハナも一時期栽培面積が減少していたが、一面の菜の花畑の風景が観光客に人気がでてきたこと、バイオマス関係で菜種油が注目されるようになったことなどにより、栽培面積が増加する傾向が見られるようになった。

あとがきなので、山歩きをしていた現職のときのことや、ガンピの生育地の様子など、益にならないことを書いてしまった。どうぞお許し願いたい。

本書が本になることについては、八坂書房の八坂立人社長のご理解があったもので、有り難く感謝申し上げます。また編集にあたっては、同社の三宅郁子さんにご苦労をおかけしました。あわせてお礼申し上げます。

平成二十九年十二月十四日

有岡利幸

# 主な参考文献（各章で重複するものは初回のみ掲げた）


## 第一章　アケビ

前川文夫『植物の名前の話』八坂書房　一九八一年
佐藤亮一監修、小学館辞典編集部編『標準語引き　日本方言辞典』小学館　二〇〇四年
八坂書房編・発行『日本植物方言集成』二〇〇一年
上原敬二『樹木大図説』有明書房　一九六一年
稲田浩二・小沢俊夫編『日本昔話通観　第四巻 宮城』同朋舎出版　一九八二年
稲田浩二・小沢俊夫編『日本昔話通観　第一三巻 岐阜・静岡・愛知』同朋舎出版　一九八〇年
手仕事フォーラムのホームページ『kuno × kuno の手仕事良品　vol.88』二〇一三年五月二十九日号

## 第二章　ムベ

服部保・小舘誓治・石田弘明・永吉照人・南山典子「兵庫県赤穂市生島における照葉樹林の管理について」兵庫県立人と自然の博物館編・発行『人と自然』二〇〇二年
服部保・南山典子・石田弘明・橋本佳延・黒田有寿茂「生島の植生調査報告—植生管理一〇年後の現状」赤穂市教育委員会編・発行　二〇一二年

## 第三章　アザミ


大槻文彦『新訂　大言海』冨山房　一九五六年
山中襄太『続語源博物誌』大修館書店　一九七七年
日本大辞典刊行会編『日本国語大辞典　縮刷版』小学館　一九七九年
佐藤潤平・三浦三郎・難波恒雄『家庭で使える　薬になる植物　第Ⅲ集』創元社　一九七九年
岡田稔監修、和田浩志・寺林進・近藤健児編『新訂　原色牧野和漢薬草大図鑑』北隆館　二〇〇二年
水野端夫監修、田中俊弘編『日本薬草全書』新日本法規出版　一九九五年
清水大典『山菜全科　採取と料理』家の光協会　一九六七年
『新訂増補国史大系　第26巻　延暦交替式・貞観交替式・延喜交替式・弘仁式・延喜式』吉川弘文館　一九六五年
貝原益軒「菜譜　中巻」益軒会編纂『益軒全集　巻一』益軒全集刊行　一九一〇年
宮崎安貞著、土屋喬雄校訂『農業全書』岩波文庫　一九三六年
『日本の食生活全集2　聞書き　青森の食事』農山漁村文化協会　一九八六年
前田博仁のコラム「アザミを食べる」『みやざき風土記』No.16　二〇〇八年三月十二日（http://www.miten.jp/miten/modules/popnupblog/index.php?postid=108）
伊藤伊三之丞著、伊藤政武補『増補地錦抄』八坂書房　一九八三年
麓　次郎『四季の花事典　増補版』八坂書房　一九九九年


## 第四章　ナノハナ

大蔵永常「油菜録」農山漁村文化協会編・発行『日本農書全集　第五〇』一九九四年
四時堂其諺編『滑稽雑談』国書刊行会　一九一七年
堀内敬三・井上武士編『日本唱歌集』岩波文庫　一九五八年
山村慕鳥『聖三稜玻璃』にんぎょ詩社　一九一五年
菜の花プロジェクトネットワークのホームページ（http://www.nanohana.gr.jp/）

## 第五章　ガンピ

佐竹義輔・原　寛・亘理俊次・冨成忠夫編『日本の野生植物　木本Ⅱ』平凡社　一九八九年
牧野富太郎『牧野新日本植物図鑑』北隆館　一九六一年
武田祐吉校訂『拾遺和歌集』岩波文庫　一九三八年
貝原益軒「花譜」益軒会編纂『益軒全集 巻一』益軒全集刊行　一九一〇年
宗長「宗長手記　下」塙保己一編『群書類従　第一八輯』群書類従完成会　一九三二年
国史大事典編集委員会編『国史大事典　一一』吉川弘文館　一九九〇年
日本林業技術協会編・発行『林業技術者のための特用樹の知識』一九八三年
日本特用林産協会のホームページ「和紙―文化財を維持する特用林産物　三」（http://nittokusin.jp/wp/bunkazai_jji/washi/washi3/）

## 第六章　ミツマタ

静岡県編・発行『静岡県史　資料編一一　近世三』一九九四年

武田総七郎『実用　特用作物　下巻』明文堂　一九三三年
増田勝彦・大川昭典・稲葉政満「藩札について」『保存科学　No.三七』東京文化財研究所　一九九八年
白石亜細亜丸「三椏増産の思い出」『紙パ技協誌　第二六巻第一一号』紙パルプ技術協議会　一九七二年
愛媛県編・発行『愛媛県史　地誌Ⅱ（中予）』一九八四年
片山佐又『技術・経営　特殊林産』朝倉書店　一九五二年

## 第七章　トチノキ

朝日新聞社編・発行「週刊朝日百科　世界の植物　トチノキ」一九七八年
読売新聞社編・発行『新日本名木一〇〇選』一九九〇年
農商務省山林局編『木材の工芸的利用』大日本山林会　一九一二年
和泉晃一のホームページ「草木名の話」（現在は非公開）

## 第八章　気比の松原とマツタケ

吉野　裕訳『風土記』東洋文庫　一九六九年
林　弥栄『日本産針葉樹の分布と分類』農林出版　一九六〇年
福井森林管理署『気比の松原一〇〇年構想』二〇一三年
松尾芭蕉著、萩原恭男校注『おくのほそ道』岩波文庫　一九七九年
『日本歴史地名大系　第18巻　福井県の地名』平凡社　一九八一年
「敦賀郷方覚書」『敦賀市史　史料編　第五巻』敦賀市役所　一九七九年

石塚資元『敦賀志』敦賀市博物館蔵　一八四五～五〇年

## 第九章　樹木大好き日本人の名字

ザ・俳句歳時記編集委員会編『ザ・俳句歳時記』第三書館　二〇〇六年
井上光貞・笠原一男・児玉幸多『詳説　日本史　改訂版』山川出版社　一九八五年
森岡浩『名字でわかるあなたのルーツ』小学館　二〇一七年
栗原愛塔『実用の薬草』昭和出版社　一九七二年
読売新聞社編『漢方あれこれ』浪速社　一九六六年

## 第十章　日本人の生活習俗と樹木

佐々木信綱校訂『新訂　梁塵秘抄』岩波文庫　一九三三年
有岡利幸『ものと人間の文化史一四九-Ⅱ　杉Ⅱ』法政大学出版局　二〇一〇年
有岡利幸『栗の文化史』生活文化史選書　雄山閣　二〇一七年

【写真提供】

社団法人鎌倉市観光協会　147頁下
東京国道事務所　171頁、174頁

著者略歴

**有岡　利幸**（ありおか・としゆき）

1937年、岡山県生まれ。1956～93年まで、大阪営林局にて、国有林における森林の育成・経営計画業務などに従事。1973～2003年3月まで近畿大学総務部に勤務。2003年4月～2009年まで（財）水利科学研究所客員研究員。1993年第38回林業技術賞受賞。

【著書】
『森と人間の生活──箕面山野の歴史』1992（清文社）
『松と日本人』1993（人文書院、第47回毎日出版文化賞受賞）
『松茸』1997、『梅Ⅰ・Ⅱ』1999、『梅干』2001、『里山Ⅰ・Ⅱ』2004、『桜Ⅰ・Ⅱ』2007、『秋の七草』『春の七草』2008、『杉Ⅰ・Ⅱ』2010、『檜』2011、『桃』2012、『柳』2013、『椿』2014、『欅』2016（以上、ものと人間の文化史　法政大学出版局）
『つばき油の文化史』2014、『栗の文化史』2017（雄山閣）
『資料 日本植物文化誌』2005 、『花と樹木と日本人』2016（八坂書房）
など多数。

**樹木と名字と日本人**　―暮らしの草木文化誌

2018年 1月25日　初版第1刷発行

著　者　有岡利幸
発行者　八坂立人
印刷・製本　シナノ書籍印刷（株）

発行所　（株）八坂書房
〒101-0064　東京都千代田区神田猿楽町1-4-11
TEL.03-3293-7975　FAX.03-3293-7977
URL. http://www.yasakashobo.co.jp

ISBN 978-4-89694-244-6